U0146978

建築師的100個居住智慧

現代人幸福有感的家宅初心

著 丸谷博男
譯 蘇文淑

【編輯室報告】

用心住好宅

房子就像是家人，若瞭解不夠深，沒有花時間彼此磨合調整，便很難順利愉快的共同生活在一起。冬天總是太濕冷，夏天總是太悶熱，廁所時不時傳來陣陣臭味，樓上的鄰居偏偏都那麼晚睡……。要瞭解房子，首先要先瞭解自己的身體對「舒適」的感受。正確的通風、排濕、控溫、隔音觀念，其實老早就在祖先們的智慧裡。

最安全的保全系統，是保持良好關係的左鄰右舍，家中最美的藝術品，是窗外的景色，玄關和廚房掌握著我們在家的勞動活力，孩子的房間愈小愈好。房子不只是一個休息睡覺的場所，而是影響著我們日常的行為模式、甚至是養成孩子性格的空間。在這本書裡，丸谷先生不會告訴您系統櫃怎麼組，而是談智慧收納的關鍵；不會告訴您如何設計房間，但會剖析家是如何把親友團聚起來；不會告訴您如何挑選冷暖氣，但會說明可以如何為身體和房子降溫、保溫……。

一位執業了35年的東京老建築師，在歷經許多成功與失敗的設計，和幾次毀滅性的大地震後，以總整理的心情慢慢寫下一百道居住與人生的課題——用建築的眼光分析，從人本的角度出發，一點一點揭露何謂一棟好房子，好房子又是如何伴隨我們走過人生的每一個階段、療癒我們疲憊的身心，推薦給所有愛家的讀者。

前言

要用三言兩語簡單說明「住宅設計」這件事，不免讓人不知該從何說起、又該說到什麼程度。因為這牽涉到世上幾乎所有的學問，沒辦法用「一百則經驗」全部囊括。

因此，我從設計一棟住宅時必須了解的概念與龐雜的知識中，選出如今蔚為話題以及大眾比較感興趣的，並從最基本的面向談起。

每一次我設計住宅時，總是會碰到新的課題，深深體認到這真是門深不可測的學問。與人類活動相關的一切、工藝及工業，全都是我們會碰到的課題。再加上最近大家開始重視地球環境議題，尋求可以永續發展的社會，因此採用再生建材、活用自然資源也成為必要課題。

自然科學、地理學、心理學、保健衛生學、造型論……這些全是建築會碰到的問題。每一道問題都必須對症下藥，視不同情況解決。我想沒有什麼工作比這更困難，卻也因此讓它成為一件很有趣的工作。

希望這本書能為讀者帶來一百種靈感與一百項契機，幫你打造出一個教你心滿意足的家居環境。如此筆者也與有榮焉。

丸谷博男

二〇〇七年二月吉日

1 關於家居設計

日本戰後的住宅發展史，可說是朝向商品化發展的歷史。住宅成為商業產物，順應著潮流趨勢而演變。這種趨勢日益明顯而固定，我想很大一部分原因是受到大型住宅建商的影響。

然而街道景致卻沒有跟著發展，現今我們所看到的美好街景，都是江戶時代留下來的。

我想帶大家一起來思考，關於日本的住宅以及孕育出城鎮景觀的住宅設計究竟是怎麼一回事。

結構與造型

日本的建築從使用木材開始。雖然也有用石頭堆疊而成的砌體結構，但大部分建築物都是木造建築。木材有做為結構的結構材、做屋頂的屋頂材、當牆壁的壁材、做地板的板材等，會依形狀與樹種分類、加工成為合適的用途。

日本人向來認為合乎需求的極簡造型便是美，並不追求無謂的裝飾，只要形體合理，裡頭便蘊含著美，這是日本自古至今的觀念。

一般民宅可花費在建築上的經費應該不寬裕，但民眾在自己可花費範圍內所做的抉擇，卻展現出極具說服力、令人心動的形體之美。另一方面，像桂離宮這一類貴族遊玩享樂的達貴空間，也以極致的侘寂清簡震撼人心。

五重塔很美、大寺院的書院與灶廚空間在

現在幾乎看不到這種木板屋頂了。主屋大屋頂與木板倉庫的屋頂就這麼斜斜地映入眼簾，淳厚樸雅。

在顯示出壯闊之美、銀閣寺與周遭庭園融為一體、修學院離宮搭配周遭借景展現出景觀之雅……這些例子裡，所有視覺要素都是構成美的一部分。

另外諸如神社鳥居那極具象徵性的造型、結合力學合理與視覺美感而呈現出整體美的錦帶橋等，日本的木造建築在在是孕育自這塊土地的風土與大和民族感性的結晶。

隔間重要還是造型重要？

所謂的造型，並不是我們去追求形體然後就產生了；而是先有某種存在，我們才能從中找到美好的形體。真實必定先於一切而存在，之後人們才能從真實中尋覓到富美感的造型。

以一個家來說，並不是先設計出住宅的外型再去隔間；而是先有人生活在其中，為了配合他們的生活而隔間，於焉產生了住宅外貌。

我想所有生物都是如此。沒有任何一樣生物是先有外型，所有生物的外型都是為了應對環境條件而演變的結果。

現今流行的造型與外觀

二次大戰後，很多日本住宅建商的樣品屋都抄自美國或英國的住宅樣式，就這麼依樣畫葫蘆的成了商品，矗立在各處的住宅區中。有時候一大片住宅區甚至全設計成同一種樣式。

可是追根究柢，樣式是與一塊土地以及在當地長年生活的民族歷史、文化緊密相關的產物。如此這般拿異國的樣式擺在完全不同的風土氣候裡、甚至是當成另一個民族的住宅使用，怎麼想也不合理。

日本的風景裡，就這麼出現許多和環境格格不入的奇怪住宅，就像在日本草原上看見滿地入侵的北美一枝黃花（*Solidago altissima*）一樣。

二〇〇五年秋天，我受日美藝術家交流會的邀請，有機會前往美國威斯康辛州拜訪。當時在當地人家裡叨擾了一星期左右，有機會親睹美國人的生活方式及住宅。這個經驗大幅改變了我以往的觀點。

從前我一直覺得奇怪，為什麼美國人要建造模仿他們原生祖國的住宅，而不思設計出屬於美國風土的樣式呢？而日本將美國的住宅樣式抄到國內，更是令人不解。我一直這麼想。

到了當地之後這才了解，他們並不是美國人，他們是至今仍未忘情於祖國的異鄉人。因此在美國的土地上打造屬於歐洲式樣的住宅，合情合理。西班牙來的人就住在西班牙式的房子裡，原籍荷蘭的就住在荷蘭式屋舍裡。對他們來說，這才是真實，才是屬於他們的故事。相形之下，日本建商將外國人的住宅樣式「全文照抄」，可就完全找不到意義了。

由材料中自然孕生的造型

唸研究所時我問自己：「什麼是設計？」當時心想如果做田野實測調查，也

木曾三岳村的木板倉庫種類。雖然建造方式一樣，但每一棟都因應基地條件與需求的不同打造出各異的形體，讓人感佩這才是設計。

許能從中找到一些什麼答案吧!?於是我去了當時恩師的避暑地長野縣木曾郡三岳村，實測調查那裡的民宅。該地區的民宅不用土牆，全以當地最容易入手的木材施工搭建。地基上用的是防水性良好的栗木，結構用松木，屋頂用容易加工成板材、防水效果也很棒的花柏。鋪設時，屋

三岳村的林地風景。以倉庫來說，力道十足。屋頂換成了瓦片，聰明地讓房子順應坡勢興建，一樓與二樓都可以直接從地面層進入使用。

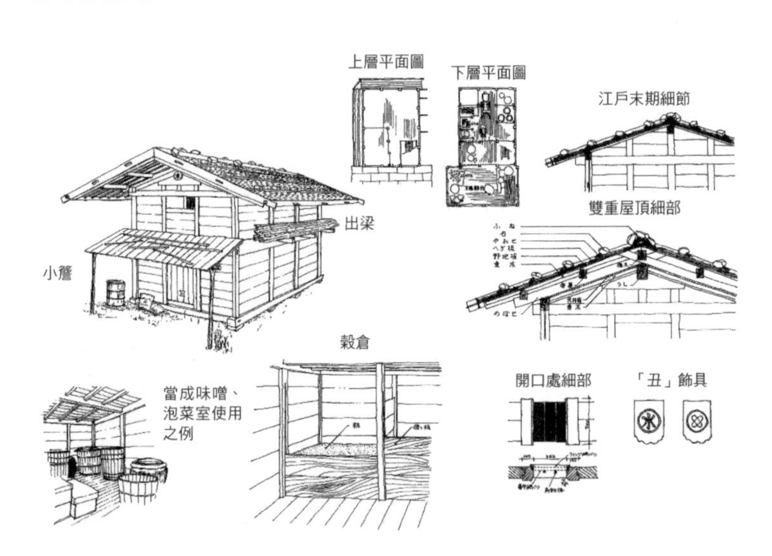

木板倉庫是存放米、味噌、泡菜等的倉庫，二樓則收放生活雜物。

頂採用平鋪，不以鐵釘固定，而是用四分之一根圓木與石頭的重量防止屋頂被風颳走。他們將屋頂的斜度比設定在2：10到3：10之間，雖然希望屋頂能做得斜一點，以導引雨水流洩、避免漏水，但太斜的話，石頭會因本身的重量而滾落，反而得不償失。權衡之下才決定出這個斜度。這種斜度呈現出來的屋頂非常優美。屋簷上也盡量做深，以免雨水打溼牆壁，縮短了牆壁的使用壽命。一層樓的住宅屋簷大約做成四尺深*，兩層樓則大約六尺。如此呈現出來的民宅顯得深邃又融於自然之中，成為會呼吸的建築物。不僅如此，這些民宅採用的施工方法應該都一樣，可是幾乎每個聚落、甚至每棟民宅的造型都各有巧妙。從這些民宅上，我看見了自由；從那隨著機能改變造型的彈性中，我理解了設計的本質。

由環境中自然孕生的造型

日本北國的冬天，是段與雪纏鬥的歷史。特別是在二次大戰前後，日本開始以近代觀點處理多雪問題。從一開始該如何盡早讓雪落到地面、又該如何處理落雪等面向著手，在各方面都下了許多苦工。如今在雪質輕柔的北海道地區，有將近七成左右的

＊1尺約30.3公分

新建住宅都採行「無落雪」方式。也就是不等雪掉到地面上，就直接先在平屋頂上融化、排掉。如此一來就不用煩惱除雪問題，也可以避免落雪帶來的危險。這可以說是北海道人長年飽受積雪之苦後累積出來的智慧。

不過東北及北陸地區，由於雪質厚重，至今對落雪形式的住宅仍心存抗拒，在普及上似乎有點難度。但在高齡化社會的壓力面前，大眾想必會慢慢接受吧？

這些無落雪住宅採用的是平屋頂，然而在日本的景觀裡從未出現過滿街都是平屋頂的景象。該如何把一棟箱子般的住宅打造得美輪美奐，對日本人來說也是全新的挑戰。說起來，現在還算是在嘗試摸索

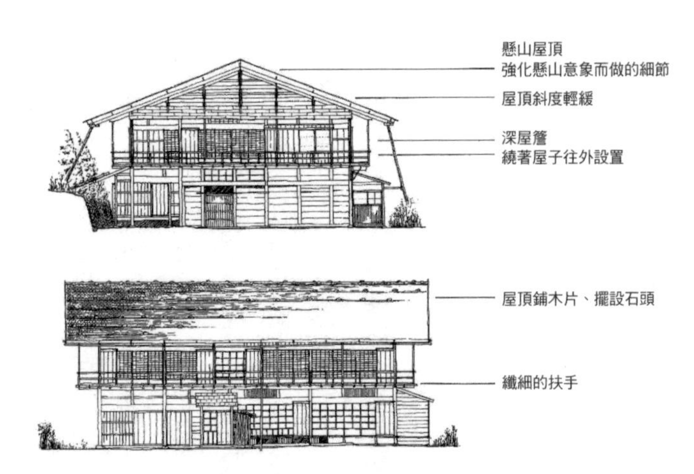

主屋架構。以 50 坪的四方空間為主，屋頂斜度約在 2:10 到 3:10 之間。這是為了不讓重石滾落而決定的角度，非常優美。

之中。採用斜屋頂的木建築，在數百年的歲月中淬鍊出屬於木建築的獨特之美，人們於歷史中磨砥出來的審美眼光，就隱藏在工匠的技藝中。因此要在雪國打造出優美街景，看來還需要一點時間。

最近日本各地普遍興起的高氣密、高隔熱住宅，說來也是這種情況。只有性能成就了一棟房子的外貌，但「住宅」本身應有的模樣、能成就出所謂「街景」的樣子都還太過模糊。

屋頂材料或外牆材料這些構成建築物外觀的建材選擇，對形塑美好街景來說是十分重要的環節，因此就景觀而言，它們也必須擁有經久耐看的美感。

關於我們自己的家

說了這麼多與設計有關的事，我想大家應該已經了解設計並不單單是造型而已。設計是從環境裡孕育而生的，設計是從氣候裡誕生出來的。材料裡頭住著設計，製作過程裡也醞釀得出設計，就連在我們的生活、使用中也飽含設計的故事，甚至是式樣裡頭，也看得見長遠的人類歷史。其實日本文化脈絡，就靜置於這一切當中。

如果我們珍惜生活文化、重視從生活裡培育文化，難道不應該在乎如何從心底培育出欣賞設計的審美觀嗎？

不論茶道或花道，都需要很長的時間培養眼力與心境，這就是修行。如果我們希望能設計出一個完美的家，也必須仰賴這份修行。這不需要花很多時間，只要能有讀完這本書的時間就夠了，或者跟我聊上一小時，或許也能提供你一些心得。

聽說在歐美，從小孩子十幾歲起就會給他們一定時間的「家居教育」。如果我們也能有這樣的課程，講解我剛才說明的事、講解一些生活知識，不知道該有多好呢！不過我們也得擔心學校不曉得會教些什麼。

現實情況是，光看到這樣的書刊行或許就應該感到滿足了。請各位讀者務必口耳相傳，把日本的住居設計推向更豐實美好的未來。光靠我一己之力是達不到的。我們需要大家的信念，需要大家對日本大地、對人們生活的土地抱持信念。首先，就讓我們先從設計談起吧。

2 打造屬於自己的家經驗談

人類在很長一段歷史中，把自力建屋當成一件天經地義的事。那時候的自力建屋是整個鄰里同心協力，負責張羅木材的林木業者，加工木料的木工師傅，磨割石頭、堆砌成地基的石工，施作土牆的泥水匠，釘製門扇的建具行，裝裱紙門的裱裝師，鋪設屋頂的板金師傅，此外還有水電工等等，各行各業同心協力，才終於打造出一個家。

001＝設計左右一切

人類在很長一段歷史中，把自力建屋當成一件天經地義的事，這樣的時代其實離我們還不太遠。

那時候的自力建屋是整個鄰里同心協力，勞動力和材料由大家貢獻、分擔，因此個人的負擔比較小，也讓眾人都能擁有屬於自己的家。

負責張羅木材的林木業者，加工木料的木工師傅，磨割石頭、堆砌成地基的石工（施工架與鷹架也由石工負責），施作土牆的泥水匠，釘製門扇的建具行，裝裱紙門的裱裝師，鋪設屋頂的板金師傅，此外還有水電工等等，各行各業同心協力，才終於打造出一個家。

現代人有負責統包的承包商與建商可以委託，因此屋主很少直接跟各行業的師傅接洽，可是以前如果想蓋房子，就得直接委託各行業的師傅；由於可以直接和業主溝通，師傅做起事來特別有幹勁、更盡心盡力。

在某些時代，住在城鎮裡的石工也負責統包工作，他們底下有可以調派的工匠。

從設計一路進行到施工完成，才揭開了住居生活。

那時鄰里間的婚喪喜慶亦由石工負責，是個社群之間非常緊密團結的時代。

接著我們要討論的是，如果想興建自己的家，應該如何規畫、又要怎麼按照規劃逐步實現。

我想大家住的區域附近應該都有樣品屋，你參觀時一定會覺得「工法跟設計真是五花八門」。重點在於，哪樣的設計與工法比較好、哪些比較差？又應該如何判斷？

實際上，很多人都是從建商提供的住宅樣式裡頭選擇，將一切交給建商打理吧？

不過你還有另一個選項：請人為自己量身打造與施工。這種方式所花費的金額其實與委由建商處理差不了多少。你先跟建築師討論設計後，再由施工業者興建，也就是必須分開委託。選擇這種方式，建築師會負起監工責任，所以不必擔心監造問題。如果設計與施工都委由同一業者處理，由於監工也是同一業者執行，很容易產生各種弊端，也就是大家所說的偷工減料問題以及問題建案。

二〇〇五年日本曾發生的「姊齒秀次偽造結構計算書事件」，掀起了一陣社會風波，也讓大眾再度了解到建築師的重要。

在此我無意斷言哪一種做法比較妥當，唯一可以確定的是，包含監工在內的一連串過程中，最重要的環節絕對是「設計」。請大家不慌不忙地，好好思量哪種做法對你最合適。

002 ‖ 透天厝與公寓

說到從前的居住習性，大家慣於住在獨棟的透天厝裡，不過最近有愈來愈多人基於各種便利考量，比較想住公寓。

居住的價值觀會隨著時代而轉變。許多人對能讓自己實現住在市中心美夢的超高層公寓抱持著極大興趣。可是碰到地震時，家當毀損、電梯罷工時，每天為了購物或取得資訊等等大事小事，不曉得得爬上爬下多少次。在地震後對民眾所做的調查裡，有將近七成的居民不願意再繼續住在公寓。

從前有些老百姓住在一種叫做「長屋」的房子裡，大家必須遵守共同的生活公約、彼此尊重。就是這種生活打造出具有人性化的居住空間，也讓可疑人士不易滲入。

現今很多公寓的住戶只要繳交管理費，什麼事也不用做，統統委託管理公司代勞就好。這麼一來，住戶之間不容易產生社群意識，也不會對建築物心生愛惜之情。於是使用建築物時開始粗手粗腳，使得住居環境不易維持。換句話說，建築物的資產價值便會下降。

這種問題對獨棟住宅而言一樣會有。如果鄰里間不守望相助，同樣無法形成社群意識。

所以想享有安全舒適的居住環境，一定要有良好的社群環境。

要形成社群意識，則必須塑造出能讓大家共同參與、一齊合作的環境。目前已經出現各種做法，例如設置停車場或社區花園，也有各種先進案例。不管空間或設施多小，只要是居民共有的，便能讓大家產生團體意識，就算只是一棵象徵性的樹木也好。

另一個公寓會面臨的課題則是資產價值。戰後經濟快速成長期時所興建的公寓，如今已經面臨老化問題，結構維修、耐震補強、設備更新、隔間修改、水道設備更新等等，有很多頭痛的問題得面對。

最令人頭痛的是維修費用。我用我老家試算了一下，興建約三十年的房子，每個月的維修費大約是三萬日幣。

我在自宅嘗試了各種較先進的維修法，所以費用或許高一點，不過各位可以把這當成一個參考值。

若是公寓大廈，維修管理費更高了。而且假使住戶意見不一，便很難執行，因此需要進行所謂的計畫性維修以及徵收合適的維修基金。

003＝家的打造者

要蓋起一個「家」，需要各種工匠的幫忙，如果把建材也包括進來，所牽涉到的工匠、工廠工人與產地工人就更多了。

最近的住宅開始重視機械設備與管線管路，因此牽扯到的職業更多；再加上如今房子流行綠化，綠化與二樓水道設施都需要進行防水作業。不過，先讓我們回到稍早之前的年代，看看戰前的房子是怎麼做的。

首先進行的是整地作業。將地盤整理鞏固好，以便後續打上地基。通常我們會鋪上十到十五公分的堅石，將地面夯實後，鋪上砂粒，把地盤整平。如果基地的地盤原本就不穩固，還會以打樁等措施補強。

整頓好一塊地盤後，接著就是基礎工程。整地與基礎工程都屬於石工的責任。基礎工程結束後，則開始木建築的鷹架搭建。在這之前，木工師傅會先在臨時搭建起的小屋裡把結構材上墨線或加工。上梁作業要進行一天左右，這一天，以石工與木工為主的所有接受承包商委託的工匠都會出席，因為這是住戶與工匠在現場會面的唯一機會。

接著石工便在基地周遭架起施工架，掛上帆布、防護網等。

之後的工作，有一段時間會以木工為主。直到地板與牆壁的粗胚做好後，才輪到機電設備的師傅進場，這些人是水電與空調師傅。另外，如果有一些特別的需求，則由專業人士負責，例如防蟻處理工程、防水工程、地板暖氣設備工程等。

工地現場有各種師傅出出入入。儘管市面上有許多工業產品，但住宅好就好在它仍舊是依靠人的手打造出來。

屋頂粗胚做好後，板金師傅與屋頂工人就上場了。首先要保護房子不受雨害，接著是固定外牆，再來則是地板、牆壁與天花的施作。木工結束後，開始進行家具、廚房與設備工程的部分。

一旦應當架設在牆壁與地板上的東西都架好後，就開始處理內裝。此時會有粉刷工、內裝師傅、泥水匠、磁磚師傅等參與。

架。

到這一步，我們已經看得出房子的大略輪廓，此時也會開始拆除房子四周的鷹架。

等到內裝工程結束，剝掉養護紙、架好設備器材，接著就可以開始打掃。外裝工程也會在這時候同步進行。這些都進行完畢後，整棟房子於焉大功告成。在這一連串作業裡，有許許多多的工匠參與，更重要的是這麼多工匠必須合作無間，因此現在有承包商與現場監工負責統籌溝通。更由於有建築師的存在，才能把屋主理想中的「家」化為現實。

004 ＝該委託誰蓋房子？

想擁有一個家方式有千百種，重要的是要想清楚自己跟家人期待的是什麼？想住在怎樣的房子裡？可以接受怎樣的興建過程？

購屋除了需要花費龐大的金錢，也會給家人的生活帶來劇烈的變動，所以最好比你平時花在買電腦、數位相機或車子上的時間，再多花一百倍比較好。

我把一般做法整理如下：

- 委託在地承包商設計施工。
- 委託建商設計施工。
- 設計與施工委由不同業者進行。
- 直接買蓋好的透天厝或公寓。
- 購買舊屋。
- 租屋。

這些方式各有利弊，最重要的是取得一份令你滿意的設計圖，那將是實現你與家人的生活夢想的切實藍圖。

沒有設計圖，就沒辦法估價；沒辦法估價，就簽訂不了施工合約。這些步驟如果做得馬馬虎虎，到時候會惹出很多麻煩。

比方說，有些施工項目你以為包含在合約裡，對方卻說：「不不不，那要另外算。」如果不想惹出這些不愉快的事，做為估價依據的設計圖就很重要了，這也能避免製造出有疏漏的建築物。

設計力、施工力以及維修力，有效統整這「三力」，才能打造出一個良好的住居。

有些大型建商的設計、施工與維修人員完全不一樣，這種做法怎麼可能將心力的付出表現在房子上呢？

回到原先的話題。在施工力、技術力這一點上，通常較少受人批判的業者信譽也比較好。另一方面，有些人可能以為小型承包商提供的服務會比較完善，其實所有工作都集中在同一名監工身上，所以不能說小型承包商的服務就一定比較好。

委託設計事務所服務的話，也不見得一定沒問題，偶爾我們會聽到有些事務所

一路參觀樣品屋，心想該找誰蓋房子，這些過程也是擁有一個「家」的一部分。

根本就不回應客戶的設計需求。

所以還是要比較業者過去的案例風評、聽朋友介紹，多方比較。日本最近出現一種代為介紹設計師的仲介服務，不妨善加利用。這些介紹單位會提供你幾位適合需求的設計師名單，另外也有面談制度或比圖制度等。

看了這麼多不一樣的方式，還真不曉得該選哪一種呢。但不管是哪一種，最重要的永遠是設計出一份能讓你滿意的設計圖。這是通往成功之路的絕對起點。至於該怎麼做才能得到這樣的設計圖，接下來讓我們一起研究。

005 ‖ 如何選擇承包商、看懂估價單與施工合約？

就在你馳騁於「家」的想像之間，設計圖終於畫好了。為了實現心頭的夢想，接下來要做的，就是請各行業的師傅依據設計圖施工。要讓這麼多師傅有效而安心地在同一個現場工作，需要一位具有組織協調能力的現場管理者，也就是俗稱的監工。

先前我也說明過，工地現場需要各門行業的工匠，而且每個類別各有不同的施工順序。例如貼磁磚的師傅要等壁面粗胚做好後才能施工，壁面與地板上如果有木作家具，也要等木工做好後才能貼磁磚，當然，設備的配管配線也要完成後才輪得到磁磚師傅。就是有這麼多工作必須先完成，才能讓磁磚師傅上場一展長才。

從前建築設備不像現在這麼受重視的時代裡，負責統整全部工作的人是木工工頭。當建築設備愈來愈複雜之後，便需要有專門監管現場工作的人，於焉出現了「統合承包業」，也就是簡稱的「統包」。

承包商這麼多，到底該找哪一家才好？接下來，且讓我為各位讀者介紹幾種方式：

畫好設計圖，做好估價單，總算進入了施工合約。

- 請承包商介紹幾個過去的施工案例，並打聽一下對方包含維修在內的評價如何。
- 鎖定幾家業者後，請對方就估價提出競價。仔細檢討估價書的內容，選擇可靠的承包商。如果你另有委託的設計監工，便可以請監工就估價單提出意見。請小心，便宜不見得就好。
- 如果覺得對方可以信任，不妨統統委交同一家做，對方也會更設身處地調整估價。同樣的，如果有設計監工，監工便能將估價單推敲得更詳實而符合需求，追求更高的效益表現。
- 工程合約分成很多種，必須簽訂一份明確規範業主（起造者）、施工者、設計者各自職責的合約。現在日本最受信賴的，應該是「民間聯合施工承包契約書」。

承包商自行擬定的施工合約裡，密密麻麻記載著所使用的資財機器及數量、工匠費用、搬運費、假設工程費、清掃費、廢棄處理費、現場經費、公司經費與保險費等，一般沒受過專業訓練的人很難看得懂這些東西，加上數量核對也是門學問，所以最好還是請設計監工幫你過目。

估價與施工合約可以說是擁有一棟自宅時的第二道關卡，而第一道關卡，自然是實現夢想的設計圖。

006 ‖開工儀式：地鎮祭與上梁儀式的含意

蓋房子，是人生中一件大事。

找土地、檢討設計圖、比較不同建商的估價，做出決定。

接著要進行各項確認申請、跟鄰居打招呼，這些結束之後，才終於要開工。

開工時舉行的儀式，叫做「地鎮祭」（譯註：相當於台灣的動土儀式）。這是跟守護土地的土地公打個招呼，祈求祂保佑工程一切平安順利。整個儀式以屋主為主，準備供奉神明的各種祭品與架設祭場等等。

首先，在土地中央以四根稱為「齋竹」的帶葉青竹，界定出一個方正的空間。位於齋竹裡的空間即是清淨的聖地。

儀式流程從為參加者除穢淨身開始，接著「降神」「獻饌」，由神教者（譯註：

相當於台灣道士）頌讀祝禱文，然後是「散供」：將供奉給土地神的米等供品灑在地上，祈求這塊土地永遠無災無難。

接下來進行「入鍬」，表示這是第一次將鐮刀與鍬鋤插在這塊土地上。而後「獻玉串」，由神教者帶著所有參拜人士供奉一種上頭綁著白紙、稱為「玉串」的楊桐樹枝。接著將供品撤下，稱為「撤饌」。最後舉行「送神」，把請來的神明送走後，儀式便大功告成了。

結束完上述流程後，才正式開工。

一般的木造住宅，等基礎工程結束後就可以上梁了，差不多一天就能把主梁架好。但最近的住宅採用各種新工法，有些與傳統的在來軸組工法不同，連主梁都沒

開工時舉行「地鎮祭」祈求萬事平安。這時所有相關人等全聚集一堂，士氣高昂。

有。不過有梁的房子，通常會在最高處掛上一張寫著工程名稱、完工日期、建造者、工匠名字的木板，稱為「棟札」。

這時候舉辦的，就是所謂的「上梁儀式」，是整個興建過程中最盛大的儀式。對屋主來說也是最高興的時刻，因此一般上梁時會大肆宴客。古時候，大家都要靠鄰居幫忙才能蓋好房子，因此屋主正好藉著這機會大大宴客答謝。

地鎮祭是辦給土地公看的，上梁儀式則是為所有與建築有關的神明而辦。一般住宅只有在地鎮祭時請神教人員幫忙，上梁儀式則由木工或石匠的工頭主祭為多。

儀式結束後，大家會在俗稱「直會」的宴席上吃吃喝喝，這時屋主要包個紅包給相關施工人員，慰勞他們的辛苦，因此對師傅來講，這也是很開心的一刻。

這樣的時刻，正是屋主把自己於新居落成的欣喜與期待傳達給師傅了解的時刻。

007 ‖ 工程中的留意事項與心得

時光就在祭拜土地公與舉行上梁儀式之間流逝，工程緊鑼密鼓地進行著，有好一段時間沒辦法用肉眼判斷出進度。如果採取在來軸組工法，並且依照大型住宅建商設計的合理化工法進行，工程真的是咻地一下就完成了，你還想著「這邊不曉得該怎麼改才好……」結果一轉眼，早已錯失更動的時機。

最近媒體大幅報導施工缺失的事件，所以實際上，不好好檢查過一遍實在很難令人放心，不曉得工程有沒有按照施工合約上的圖進行。可是老實說，報導中的施工缺失幾乎都沒有另外委託監工監造，由此可知把施工與監工分頭委託不同人處理是多麼重要。不論如何，沒受過嚴謹的訓練，一般的屋主很難自行監工。

接著我想介紹一下跟這話題有關的住宅保固制度。

住宅保固制度是針對完工的建築物提供十到二十年的保證，等於幫住宅買保險。如果從施工起就加入這項制度，則相關的地盤調查及施工過程中所有必要的檢查項目都能進行，讓人可以對屋子性能放心，也能有效遏止施工弊端的產生。

大家可能聽過，在施工過程中更改設計必須付出高額代價，理由有二：

一是當幾間承包商在爭取施工合約時，往往會盡量壓低估價，可是在工程進行期間更改設計，則必須以平時的價格計算，因此相對而言比較昂貴。第二個理由則在於材料或設計上的變更雖然在施工現場看似不怎麼麻煩，可是業者可能已經事先下好訂單或做好準備，因此臨時更改會產生不必要的白工與材料費。

因此，如果必須在施工期間進行更動，請盡早決定並告知設計者。直接告訴施工師傅的話反而會造成混亂，帶來反效果。

另有一點：相關的建材、機械設備、衛生器材等都要盡量在現場確認。顏色也最好在現場親眼看過，不要只看印刷品。

關於招待師傅茶水這件事，如果屋主夫妻都在工作，不妨把茶水費轉交監工代勞。最重要的是心意，金額反倒是其次了。

008 ‖ 從完工到後續維修

從找土地開始，對著設計圖想像將在新家裡展開的新生活，跟預算苦戰苦鬥，終於來到開工日。接著過了四個月到半年的時間，逐漸完工了。

住宅是由人們的雙手打造出來的，許多工作都必須在現場進行，因此理所當然會在理想與現實的夾縫間擠壓出各種事件，醞釀成喜怒哀樂。

簡單來說，現實裡同時充滿了令人滿意與不滿意的情況。

完工時有所謂的竣工檢查，分成承包商自己進行的檢查與設計監工的查驗、屋主（起造人）的驗收。

到底房子有沒有按照設計圖施工？有沒有什麼地方做得太粗糙？用起來順不順手？設備器材是否無慮？需要檢查的項目多如繁星。

竣工檢查時挑出來的缺失，在雙方同意並進行修改後，會進行「移轉」手續。

所謂移轉，是由建商將權利讓渡給屋主。

所有權當然也會跟著改變。當屋主支付完工程合約的尾款，建商便會將產權移轉證明交給屋主，以便屋主登記。

這時火災保險的責任也轉移到屋主身上。

工程合約清楚記載著移轉後的建築物具有「瑕疵保固」，無論是結構、裝修或機械設備，都有各自的保固期限，有些建商還有自己的一套保固制度。因此即便產權移轉了，建商仍須依照合約進行相關的後續維修。

平成十二年（二〇〇〇）四月一日日本實行〈確保住宅品質促進法〉後，所有新建住宅都享有十年的義務瑕疵保固期。因此自移轉日起的十年內，新建住宅的施造者與賣家，對住宅取得者必須擔負結構耐力主要部分（住宅的梁柱、基礎等）與屋頂雨水等防水措施的瑕疵修補義務（意指當買賣契約的目的物〔住宅用地或建物〕在簽立契約時已有瑕疵〔隱匿之瑕疵〕或缺損時，賣家需對買主擔負責任。賣家對買主擔負之責任包括修復瑕疵、在損害發生時支付相關損害金額。日本民法規定賣家需擔負責任期間為買主察知瑕疵起一年內〈宅地建物取引業法則〉規範若賣家為不動產公司，則除自移轉日起兩年內之特約外，不得簽訂較民法不利之特約）。所有牴觸本法、或是對買家、訂購者不利的特約一律無效。相對的，保固期間可以延長至二十年。不過有一點必須注意，自然劣化等原因造成的損耗不在保固範圍內，此外交易時，在一般檢查情況下發現的缺失也屬於保固範圍外。（此法規範的瑕疵擔保責任適用於實行後簽訂的新建屋契約。）

買家於發現瑕疵起的一年內，可向賣家提出損害賠償，若因瑕疵而無法達成契約目的，亦可要求解除契約。任一情況均不需以賣家有過失（知道有瑕疵）為前提條件。

此外，為確保不動產交易安全，本法亦推動了住宅性能保證制度。這是一種針對住宅性能所制定的通用標示規則，可以更清楚簡單地評比出住宅性能。至於是否要接受住宅評比並無強制要求，接受評比的住宅則會收到一份住宅性能評價表。若在簽訂住宅契約時附上住宅性能評價表，表示所記載內容（住宅性能）亦含括於契約保證範圍之內。附有評價表的住宅往後若發生契約糾紛，可在仲裁手續時另行指定住宅糾紛處理機關負責調解、斡旋與仲裁。

3 讓家人住得舒適經驗談

我認為「隔間」這個詞在思考一個家的設計時，是個很合適的字眼。因為「間」這個字就代表「空間」。隔間是描繪我們生活的起點。比方說，煮飯、用餐、整理、歇息、團聚等行為，並不是這些行為需要劃分到一個個不同的空間裡，而是我們的一連串生活需要有空間來承載。這麼一想，每個家庭的生活方式應該都有各自適合的形態──這就是隔間。

009 ＝什麼是隔間？

我認為「隔間」這個詞在思考一個家的設計時，是個很合適的字眼。因為「間」這個字就代表「空間」。民眾時常以為隔間就是用牆壁把空間隔起來，其實這是很大的誤解，隔間其實是描繪我們生活的起點。

比方說，煮飯、用餐、整理、歇息、團聚等行為，並不是這些行為需要劃分到一個個不同的空間裡，而是我們的一連串生活需要有空間來承載。這麼一想，每個家庭的生活方式應該都有各自適合的形態——這就是隔間。

●**畫出人與家具：**將我們的生活化為實體的建築圖裡，並不會把人畫出來，可是大家在想像時，應該想像一下自己的生活起居將是什麼狀態，因此可以在圖裡畫進人與家具。這麼一來，你對生活起居的鋪陳就會帶出你對不同場所及空間該如何串連的想像。接著牆壁、建具位置與形狀就會慢慢浮現。

●**充滿彈性的建具與牆壁：**建具（門、窗、柵杆等）與牆壁的作用，正在於讓房間與房間之間建立起關係。有時候想讓空間完全封閉、有時想彼此連通，光靠安排就能知道各自的關係。這種關係的建立，正是日本居住空間的巧妙之處。

●**用空間隔開房間與房間**：光靠一面牆壁所建立的隱私似乎有點薄弱。要是像商務旅館那樣，察覺得到隔壁房間的動靜，那可就不太舒服了。在住宅裡頭，最美好的相對關係是在自己房裡聽音樂也不會打擾到隔壁房間的人。這種時候，除了一片薄薄的牆壁，最好再加入衣櫥，以創造出適宜的距離感。

●**把用水空間聚集在一起**：如果從生活動線與經濟性考量，就應該把用水空間聚集在一起。不過現在很多都會住宅都把客廳設在二樓，在這種情況下，不妨以家庭主婦的方便為主，將浴室設置在一樓的寢室附近，洗衣空間則設置在二樓。現在的防水

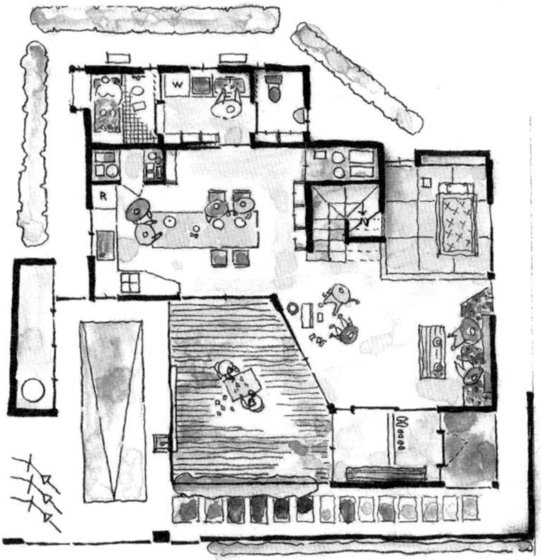

自己畫隔間。

技術比以前好很多，空間配置上也可以盡量自由化了。

● **樓梯位置是關鍵所在**：沒受過訓練的人在安排空間時，最頭痛的就是樓梯了。其實專家也一樣，不過專家會考慮出幾個可行的位置，接著一一研究。希望各位注意一點，如果把老年人的房間擺在樓梯旁，會害老人家動不動就被吵醒。水道空間也一樣。

● **留意上下樓層的空間搭配**：在一樓老人家的房間樓上安排兒童房，那真是最糟糕的配置。最好也要避免在寢室樓上安排客廳或水道設備。很意外的，上下樓層的搭配常常是個難題唷。

以上幾點都是安排隔間時必須留意的事項。別擔心難不難，先動手畫畫看吧。最近市面上也出現了很多簡便的隔間設計軟體呢。

好了，開始動手吧！

010 ‖ 彈性化隔間

一個家庭如果是兩夫妻帶著正在上高中或大學的孩子，建造新家時就要慎重考慮到將來可能的變動。依我至今為止的經驗而言，大約每五年就會有一次變化。

唸高中的孩子之後會到外地上大學，四年後跟著就業。在那之前，另一位上大學的小孩已經先一步出了社會。此外，夫妻兩人的父母親也是個微妙的左右因素，有時突然得接回家同住，帶來一些變化。

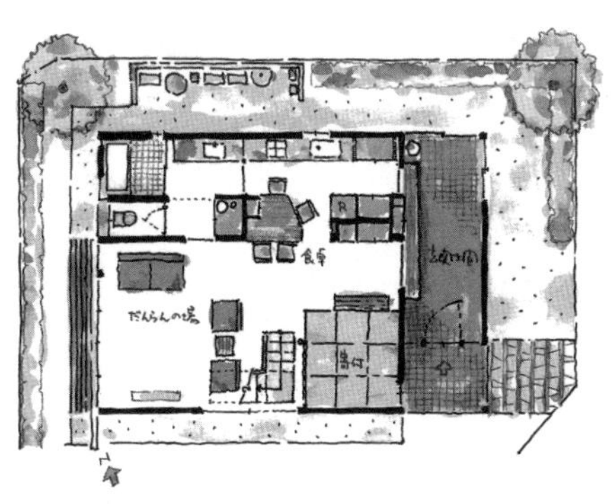

把梯間從北邊稍微挪開，用水處便變得乾淨明亮。玄關入口可以提供許多用途，看著這樣的圖，各種生活情景躍然紙上。

住宅設計，就是要在隱約中察知未來可能發生的種種變化，針對今後生活設計。雖然不可能百料百中，但一份有彈性的設計絕對不可或缺。

就這一點來說，二十幾歲到三十幾歲的年輕夫妻接下來可能會生孩子，也有各種未來可能性，因此隔間上最好不要太固定，留一些彈性給將來。雖然一開始看起來可能稍嫌空蕩，但這樣比較好。

除了隔間，其實夫妻的興趣與人際關係

也要歷經歲月的淬鍊才能了解得更深透，因此有時候一開始無法決定究竟該採取哪種風格。基本上，可以挑選一位你覺得風格很對胃口的建築師，請對方來設計，這或許也是一種方法。

不過相較於我們團塊世代（編按：指日本戰後出生的第一代，戰後嬰兒潮）的人，最近的年輕人很清楚自己的喜好和傾向，所以我這些考量或許是瞎操心呢。

011 ‖ 最後的家

退休後的住所，是多少不同心思的寄情之處？有些人的孩子早已離巢，有些人孩子還賴在家中，有些人的子女則有無法離家獨立的苦處，甚或是單身者的終老之地。如此這般，最後的家反映出各種不同的人生境況。

現在把夫妻寢室分開設計的情況已經不罕見，為了讓彼此剩餘的人生過得更充實，必須接受彼此的差異，建築起一份新的夫妻關係。

接下來，我就介紹幾個最近做過的案例。

●業主跑到離神奈川縣中心大約一百公里外的農村，追求一種親近土地的農耕生活。業主夫人希望能醃製一點食品，享受料理人生。建築物打造成小木屋形式，農耕重活自然由先生負責，家裡的內裝、庭園、停車場也全由先生打點。

●在看得見湘南海域的郊外住宅區丘陵地上，與建一戶看得見海的獨棟住宅。先生希望能擁有個人的空間，跟以前一樣繼續被電腦包圍。太太也希望有自己的房間，享受自由的生活。旅居海外的女兒也有一間房，還需要一些空間放置二十幾歲時死

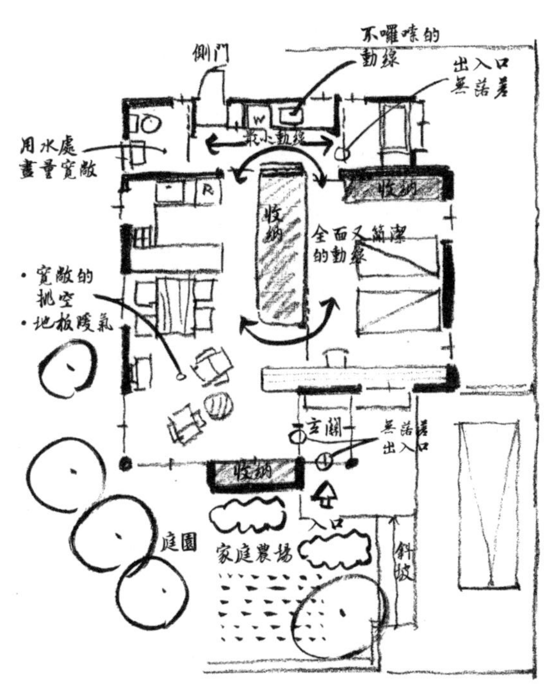

我嘗試設計「最後的家」。設計時我留意創造「最簡潔的動線、垂直的用水處動線、多目的使用的玄關」。

於事故的業主兒子生前的生活用具與佛壇。業主也希望種點東西。期望能脫離公寓生活，享受獨棟住宅獨特的感性家居。

- 從大阪的職場退了下來，跑到遙遠的千葉縣，住在離海很近的地方，因為前公司的社長、同事也都跑到那裡去。夫人在退休前病故了，這兒是他一個人步向人生終點的家。在東京工作的單身女兒偶爾會過來玩。搬去那裡後，附近陸陸續續搬來各行各業的人，也有陶藝家。
- 夫妻兩人膝下無子，先前蓋的房子不厭其煩地叨擾了工匠各種細節。買下隔鄰土地後，覺得錢留下來也沒用，不如拿來充實剩餘人生，於是果決地拆屋重建。這一回，希望能好好雕琢新屋的設計直至滿意為止，要蓋出一處真正美好的居所。

以上這些都是我曾經接受委託設計的「最後一個家」。做為一名設計者，做為一個也已飽嘗人生各種滋味的同齡人士，跟業主的溝通，就像是大家一起討論剩餘人生路該如何走的過程。

012＝單身女子的家

一個女人，過了四十五歲，想要一個能跟自己的人生真誠面對的家。若不建築起自己的世界，則無法獲得幸福。在自己喜歡的世界裡迎向人生後半場，這樣一份豪華的禮物，終於來到了自己送給自己的時刻。

於是她開始找起房子來。一定要找到能夠信賴的設計者和承包商。但不管怎麼找，就是沒辦法在現有建案裡看見喜歡的房子。那個家，必須是獨屬於自己的家。

前方不曉得該走向何處，可是一定要往前奮進。

位於二樓客廳一角的書房提供了沉靜的空間。

寫到這裡，我發覺一個女人要自己蓋房子真是辛苦，如果能找到令人安心的專業者，那當然是千幸萬幸，但若碰到居心叵測的人，反而得多走一段辛酸路。

寫下這段文字時，我才初次體認到原來這件事如此艱辛。

我發現自己一開始接下這案子時，完全沒體認到對方的處境。這世界上，跟好事比起來，壞事總是多一點，尤其是與錢有關時，總是會吸引小人蜂擁而來，一開始時，防人之心真的不可無。

女性獨力建屋時，有件事情很重要。如果是夫妻兩人，即使是大事小事吵得不可開

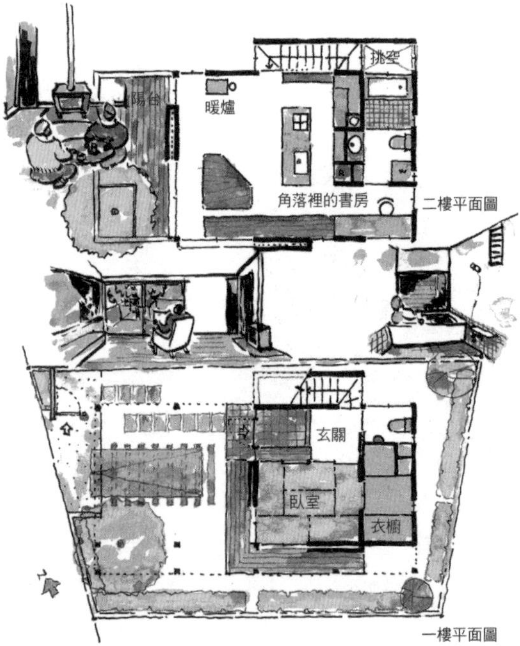

客廳配置在二樓西邊，以寬敞的陽台確保室內隱私。一樓和室製造出草庵般的氛圍。

交、意見相左，總有機會跟別人確認自己的想法。但自己一個人的話就麻煩了，完全沒人商量，連吵架的對象都沒有，有時候不禁會懷疑自己的想法和判斷對不對。因此一定要有可以商量的人，才能客觀看待自己的想法和感受。

如果委託設計師設計，也要記得找一個容易溝通的，這比合不合得來還重要。因為這樣妳就不會覺得自己是孤單一人，也才能打造出一個美好的家與舒適的環境。

013 ‖ 孩子離巢後的家

昭和三十年代（一九五五～六四）是日本經濟的快速成長期，那時候的美國文化正是日本追求的目標，每個人不管是聽的、看的統統是美國。當時造成最大影響力的，大概是昭和五、六十年代電視普及之後的電視影集了。

《名犬萊西》《天才小麻煩》《慧童與海豚》《鷓鴣家庭樂團》《家有仙妻》《妙爸爸》《唐娜瑞德秀》……每部影集裡都有開闊的庭園、寬敞的房屋，屋子裡到處是

小孩子不會關在自己房間。全家人聚在一起就很開心，
圍著大桌子要做什麼都可以。

大型電器用品、夫妻寢室、兒童房、父親的書房等，讓人不禁感嘆美國人真富裕呀！於是日本人開始嚮往起這樣的生活，把擁有電視、洗衣機、冰箱、轎車、一棟自己的家當成夢想，借了一大堆錢，拚命工作，造就出現在的孩子與家庭瓦解的慘況。

現在我在設計住宅時，最注重的就是「孩子離巢後的家」，在這前提之下的，則是一個家庭的出發點：夫妻。絕不可以犧牲夫妻倆的空間去滿足孩子的生活空間，畢竟據說現在每三對就有一對離婚哪。

我認為整個時代應該從把擁有兒童房當成目標，進步到把整個家都當成兒童房才對。每個人只要有一間最低限度的房間就夠了，裡頭只要放衣櫃跟床，多出來的空間則做成圖書室等大家共用的空間，要用功的人可不只是小孩子呢。最重要的，是全家人有地方可以聚在一起。

以我家為例好了，我家沒有客廳，一張大餐桌就界定出了用餐空間，那裡也是客廳。我們看電視時在餐桌前看，讀書、工作都來這裡，就連待客也在這裡。可是我家養出很優秀的孩子，訪客也源源不絕。

家愈小愈好，這麼一來不管打掃或維修都很輕鬆。小一點，孩子大了就不得不搬出去建立一個屬於自己的家庭。孩子離巢後，這兒又成為只有兩夫妻的家。這時候，一定會發覺小空間的好處。

這種孩子獨立後的家，就是夫妻倆「最後一個家」。

014 ‖ 三角漆桌

我家的餐桌是請木曾平澤（日本知名漆器產地）那邊的人製作的，是一張很大的三角形桌子。

平時用的桌子以三角形為佳。四角形太方正嚴肅了。

這張餐桌在我們蓋這個家的時候製作，已經用了十六年，最常用的部分連上頭的紅漆都已經磨掉，露出底下的黑漆。這是所謂的根來塗法（譯註：在黑漆上塗上一層紅漆的漆工法），也是真品，用久了就會這樣。

這張大桌子，讓我們全家人齊聚一堂。

不管是讀書、吃飯、看報、文書工作、甚至待客全在這裡，我們用得很愉快。我家小孩子準備考試時，這裡是家裡唯一全天不關燈的地方，桌上擺滿了孩子唸到一半的書和用具。

小孩子只有跟女朋友講電話時會待在自己房間，講完了就回到這裡和大家在一起。

有一次我參加一場風水讀書會，很驚訝的是發現有個對家族座位排列的指示。我家三個孩子全是男孩，那時收到的指導是把最會撒嬌的么子安排在離父母最遠的位子，旁邊坐長男。最令人擔心的次子則坐在父親身邊。其實在那之前為止，我家么子一直坐在我們夫妻之間，一聽到這樣的安排，我立刻想通其背後用意，之後就這麼決定了我們家的座位順序。

每當有客人，這桌子最多可以容納十二個人。一開始大家先乾杯，接著聊得興起了，一桌子人分成三個角落，各聊各的，等到有人說「喂喂，大家聽我說、聽我說」時，又再度融成一個團體。

三角桌與方桌的不同之處就在於人們的視線不會不自然地直接接觸。只要想聊天的時候再看著對方就行了，當然也就不覺得拘束。四角形方桌則比較適合開會，不宜擺在家裡這種需要放鬆的空間。

相較於方桌，三角桌在遞大盤子、鍋子時都比較方便，可以說是更有「居家性」呢。

4 打造溫暖住宅經驗談

暖房的熱源分成溫水與電氣，最具代表性的有所謂的地板暖房，以及在北歐、北海道很常見的葉片式暖氣。小型的則有輻射電暖爐和蓄熱電暖爐等。要讓空間裡的溫度舒適，一定要製造出良好的輻射環境，因此在選擇熱源前，更重要的是要努力提高隔熱性與抑制熱損失。

015 ‖ 空調非萬能

現今住宅幾乎都使用冷暖氣機調節溫度。冷暖氣機採用熱汞（熱壓縮）原理，因此可以兼具冷暖氣機能，非常方便。

運轉的能源是電力，熱源則從空氣中吸收。因為由空氣中吸收熱，才出現了「熱汞」這個詞彙。

可是這種冷暖氣吹起來絕對不舒服，因為在室內要把熱傳導到空氣裡，一定要送風，否則冷、暖氣都沒辦法運作。

開暖氣時送風，會讓我們的身體覺得溫度似乎一直沒有提升，開冷氣時送風，吹起來雖然涼爽愉快，但過了一小時後，身體就開始覺得不舒服。尤其是熱帶地區的夜晚，吹一整晚冷氣後，早上起來總覺得很疲倦。

開暖氣時，我們總希望腳底也吹得到，可是為了避免占空間，機器通常都掛在牆上，於是腳底就吹不到了。從座位上站起來時，頭頂暖烘烘，腳底卻冷冰冰，實在讓人很無奈，我想這種經驗大家應該都有。

為了解決這個問題，我們應該採用所謂的輻射熱來直接溫暖身體，也就是輻射暖房，而不是把熱傳導到空氣裡。

那麼，有哪些方式屬於輻射暖房呢？暖房的熱源分成溫水與電氣，最具代表性的有所謂的地板暖房，以及在北歐、北海道很常見的葉片式暖氣。小型的則有輻射電暖爐和蓄熱電暖爐等。

要讓空間裡的溫度舒適，一定要製造出良好的輻射環境，因此在選擇熱源前，更重要的是要努力提高隔熱性與抑制熱損失。

只要使用得當，擺在地上的空調也能製造出輻射暖房。

輻射暖房雖然很棒，但在夏天必須開冷氣的地區，無論如何一定要加裝冷氣機。可是這麼一來就有了兩種設備，不得不提高建築預算，這點一直讓我很頭疼。

最近市面上開始銷售一種放在地板上的冷氣機，把這種設備利用到地板暖房上的話便解決了雙重設備的問題，又可以享受輻射暖房的優點。不過這種設備必須與建築工程結合，因此得找專家協助。

016 ‖ 暖氣溫度低一點比較舒服

接下來要說的事可能會讓你覺得「咦，為什麼？」不過我還是要說一下。「暖氣並不是把溫度調高就好，而是要在不覺得冷的範圍內盡量設定得低一點。冷氣也不是把溫度調低，是在不覺得熱的範圍內調得高一點，這樣才會覺得舒服。」這就是我使用冷暖氣的經驗談。

如果你問街上的電器行，對方會說：「暖氣就是要暖，冷氣就是要冷。」答案單純明快，可是很明顯這是誤解。雖然乍聽之下很有道理，卻是個錯誤的答案。

開暖氣時如果只提高溫度，會讓空氣過於乾燥，絕對不會覺得舒服。從濕度的角度來看，溫度提高只會更不舒服，因此重點便是如何在不提高溫度的前提下，製造出舒適的環境。

冷氣的話又是如何呢？天氣很熱，所以就降低溫度，可是雖然一下子很涼快，時間久了，腳底板冷冰冰，連腰腿關節都痛了起來呢。所以溫度太低絕對不舒服。正確做法是製造出不會令人覺得太熱的環境，但又不把溫度設定得太低。

實際上應該怎麼做呢？可以說，能同時通用於冷暖氣使用規則的，就在於製造出舒適的輻射環境。

以暖氣來說，只要不會覺得冷得發抖，也不覺得有令人不舒服的氣流就好了。不要覺得「腳底好像有風吹過一樣」。

至於冷氣，只要不覺得好像有什麼熱量被反射回來似的熱死人就好了。當然也要製造氣流，促進排汗也很重要。

綜合上面所述，在小細節上下功夫，另外還需要適宜的氣密性和隔熱性。

017 ‖ 挑高空間不見得冰冷

挑高空間寬敞舒適，感覺好清爽，任誰都抱持著憧憬，想在這樣的空間裡住看看。住了之後才發現，咦，怎麼腳底板這麼冷？開了暖氣和電暖爐也沒用，暖空氣全跑到上面去了，腳底還是一樣冰涼。這種經驗我簡直聽得耳朵都快長繭了，實際上也真的有很多這樣的案例。

可是千萬別因為這樣就放棄，只要把該做的事做好，一樣能享受舒適的溫熱環境。重要的事項如下：

- 消弭上下高度的溫差。
- 不要製造氣流，尤其要防止冷擊現象（直接被冷風吹到）的發生。
- 調整好輻射環境。

以上就是享受舒適的挑高空間必備的條件。

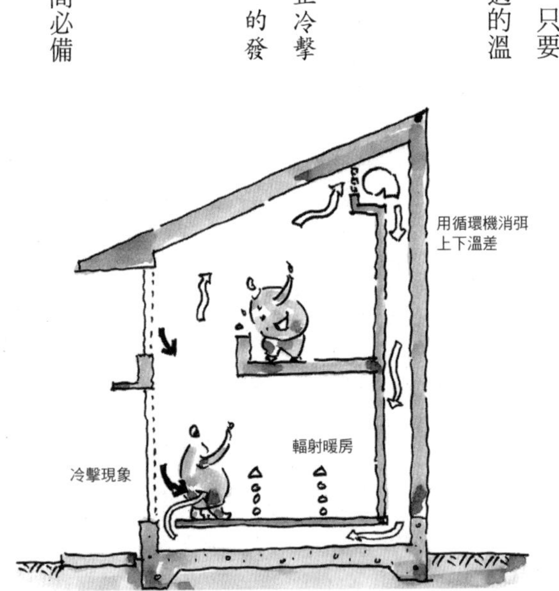

重點在於調整輻射環境，消弭上下樓層的溫差。

冷擊現象

拉上厚重的窗簾或紙窗門
就不覺得腳底那麼冷了

想讓環境低溫卻不寒冷，重點就在於消除環境中的負面因子。

想消除上下溫差，有項傳統做法：採用循環扇。

藉由風扇將上層的熱空氣往底下吹。不過這方法有個很大的矛盾點，因為熱空氣比冷空氣輕，不會待在底部，而滯留在底層的冷空氣則由於比較重，也無法上升。如果想藉由強力風壓改變，反而會造成反效果，因為風壓會在房裡形成體表感受得到的風速，使人覺得冷。尤其把風吹向巨大的空氣團塊其實很難起什麼效用。所以想利用循環扇改變溫差的話，可以加裝風管，讓空氣藉由風管循環到地板上。

至於冷擊現象的防止，只要消除掉冰冷的表面就行了。主要問題點在於窗框，最有效的做法是在玻璃窗上覆蓋窗簾、捲簾、紙窗或隔熱板。當然，窗戶也要改成雙層或三層玻璃唷。

018＝輻射暖房的祕密

我設計的住宅幾乎都採用地板暖房，通常會以太陽能搭配溫風式地板暖房。

可是不曉得為什麼，我自己家居然是用電熱式木地板暖房。

使用後，我有一些心得如下：

溫風式地板暖房的地板表面溫度較低，在攝氏三十度以下，通常是二十五度到三十度之間。採用電氣或溫水式的地板暖房則應該有攝氏三十度到三十五度，這約略五度的溫差會給身體帶來很不同的感受。

冷的時候，不是說溫度比較高就一定

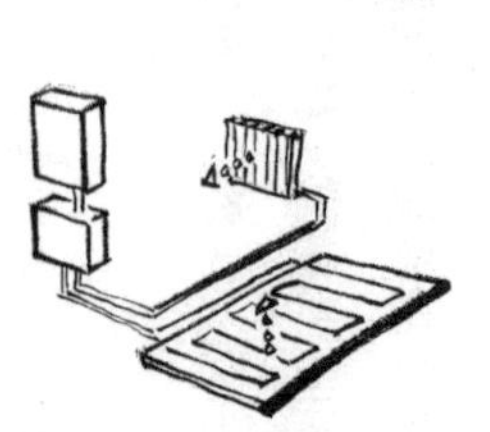

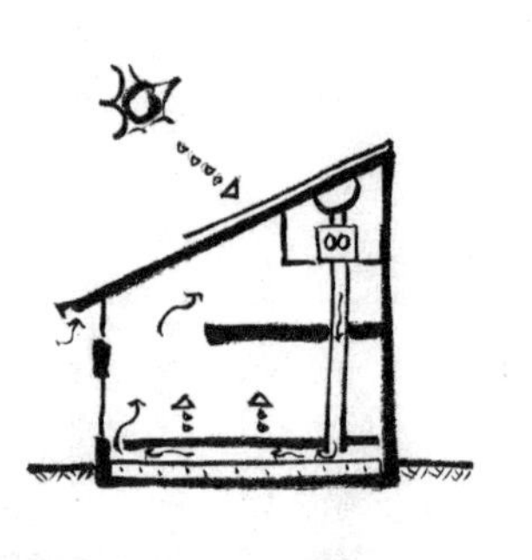

日式暖桌、石油暖爐、火鉢等，都是從以前就有的輻射暖房設備。如果採用中央供暖系統，以溫水供暖片的輻射暖房效果最舒適。目前利用太陽能的 OM 太陽能設備也在日本全國普及。

比較好。可以的話，我認為應該盡量降低溫度，但不要覺得冷。只要身體覺得暖洋洋、很舒服就好了，這應該是最棒的狀態。尤其是長時間停留的場所，只要身體覺得舒適，可以把溫度盡量降低。

電毯或電地毯雖然很溫暖，但半夜一定會讓人口渴得爬起來喝水。

重要的是我們不能只考慮熱源，也必須注意到輻射環境才是左右一切的關鍵。「輻射環境」這個字可能不太好懂，其實就是冬天時不會讓熱量逸失、夏天時不會帶來熱量的環境。

要製造出這樣的環境，關鍵在於隔熱性、材料的熱傳導率與蓄熱量的多寡。

冬天時，採用隔熱性良好、不容易導熱的材料鋪設地板、牆壁與天花板。這時只要熱容量夠大，就不易受到室外溫度影響。室溫變化不大，就能製造出穩定的溫熱環境。夏天時也是同樣道理。

只要往這個方向繼續鑽研，就會發現室外隔熱工法的優點。

019 雪是天然的羽毛衣

只要親身經歷過一次，就會知道北國的寒冷分成各種層次。不下雪的地方，輻射效應讓人覺得更冷，簡直冷得令人詫異。強風一吹，還真是冷徹心脾。

雪是天然的羽毛衣。

相較之下，積雪多的地方，雪成了天然保溫材，被雪覆蓋的民宅就像穿上羽毛衣的人一樣，不但能從寒風中隔絕，也免受輻射效應所帶來的溫度下降所苦。

雪的顏色那麼白，表示裡頭飽含大量空氣。真是不可思議呢，一摸之下冷冰冰，其實居然是包裹空氣的羽毛衣！

在某些不下雪的嚴寒地區，輻射環境極為嚴峻，地表、建築物和所有物體的表面溫度全降到零度以下，熱能從人身上毫不留情地被奪走。

說起來，用雪做成的小屋「雪洞」其實很溫暖，理由也正在此處。這些雪洞被隔熱性佳的「潔白」冰雪包住，恐怕比冰窟裡頭更溫暖唷。

那些冬天被覆蓋在雪下的草木，或許感到很舒適呢。

北海道進行過以下實驗：用雪做成雪中屋，實驗結果發現嚴冬時期的室外溫度在深夜裡降至攝氏零下十九度時，雪中溫度為零下一至四度，室內溫度最低則只有零下二度而已。這多少也受到白天蓄熱效果的影響，不過，足以證明雪真的具有極佳的保溫性。

Q20 ‖ 穿上毛衣和襪子

請問你冬天時，室內溫度大概設定成幾度呢？

北海道地區的人家，在室外溫度零下十度左右時，室內溫度大約設定成二十六、七度，有些家庭甚至高達三十度，所以下雪時，在家裡穿T恤、短褲一點也不奇怪。

但從北海道這樣的環境來到東京的話一定會發抖。東京的室溫是攝氏二十度，更嚴重的是東京房子的隔熱性和氣密性差，腳底板、背部都冷得打顫，因為體感溫度比室溫更低。

請看以下的數據。

當室溫一樣是攝氏二十度時，如果牆壁、地板、天花板的表面溫度是十點八度，體感溫度只有十五點四度，而當表面溫度提升到十八度時，體感溫度則達到十九度。這樣大家就看得出來氣密性與隔熱性有多重要吧？

最近日本政府由於簽訂了〈京都協議書〉，終於對國民大力倡導「Warm Biz」「Cool Bis」活動，建議大家在冬天時把職場溫度設定為攝氏二十度，夏天時設定為二十八度。

除了空調溫度，政府也建議民眾從自身的服裝上保暖：

- 穿更暖的內衣。
- 穿上開襟毛衣。
- 在職場時穿著適合室內的服飾。

● 包住頸部、手腕和腳踝，避免熱量流失。
● 在家裡時也穿上毛衣和襪子。

如果能注意以上事項，就算室溫只有十八度也沒問題了。

021 ＝重視地熱能源

井水冬暖夏涼，是從前熱水器還不普遍時最適合的用水。後來大家開始用水道水，發現怎麼冬天時冷冰冰，真教人受不了，於是出現了熱水器，以石化原料提供大家溫暖的熱水。不過現在我們必須面對地球環境問題，還有許多議題得解決。

說到這，地底下十公尺左右的井水溫度差不多就是當地的年平均氣溫。換句話說，到地底十公尺的話，就幾乎不受外界氣溫影響了。所以我們會覺得井水冬暖夏涼，因為井水一年到頭幾乎維持一樣的溫度。

換個話題，我想帶大家關注豎穴式住居。

漫長的日本繩文時代維持了大約一萬年左右，在那期間，繩文人住在豎穴式住居裡，穀物儲藏在架高的倉庫中，他們自己絕不住在架高的倉庫裡。從現代人的眼光看，會覺得地底潮溼不快，但其實豎穴式住居在對應夏冬的冷熱變化上，才是最舒適的環境。道理就跟井水一樣，冬暖夏涼。

日本人從明治時代起開始墾拓北海道，當時包括日本東北在內，各地的人紛紛移民到這荒野大地，在此複製起屬於家鄉的住宅樣式。但可惜都無法抵禦北海道冷酷的寒冬。

北海道原住民愛努族則住在一種稱為「Chibi」的豎穴式住居，愛努族的生活

善用地熱的豎穴住居冬暖夏涼。架高空間不適合生活，只宜當成倉庫。

智慧讓他們懂得善用地熱。豎穴式住居幫他們抵禦了室外攝氏零下十度以下的低溫。

關於地熱，還有許多尚未開發之處，還擁有許多活用的可能性。

地底溫度讓大家關注的，是在地下五公尺處。在這裡，溫度大約晚了外界半年左右，也就是說，夏天的暖熱還留在冬天的地底中，而冬天的冷涼亦蟄伏於夏天的地底下，這個現象十分有趣。

如何善用這半年的時間差，成為地熱能源利用的重點。

022 ‖ 壁爐真的溫暖嗎？

把薪材丟進火爐裡，聽著劈劈啪啪的燃燒聲，望著爐火，別有一番逸趣。這幅情景莫名地接近人類原始的感性與歷史。壁爐與暖爐，都屬於同一類型的燃燒裝置。

這種能讓人享受燃火取暖樂趣的設備，與密閉式暖爐有什麼不一樣呢？

最主要的不同點，在於燃燒時所需空氣量的懸殊差異。

壁爐與火爐這一類開口打開的設備，特徵在於燃燒時所需的空氣量比實際燒掉的多很多，大約是燃燒空氣的二十倍到三十倍。因此如果是以取暖為目的，採用密閉式暖爐絕對比較有效。密閉式暖爐所需的空氣只有實際燃燒量的一點二倍到一點五倍左右。

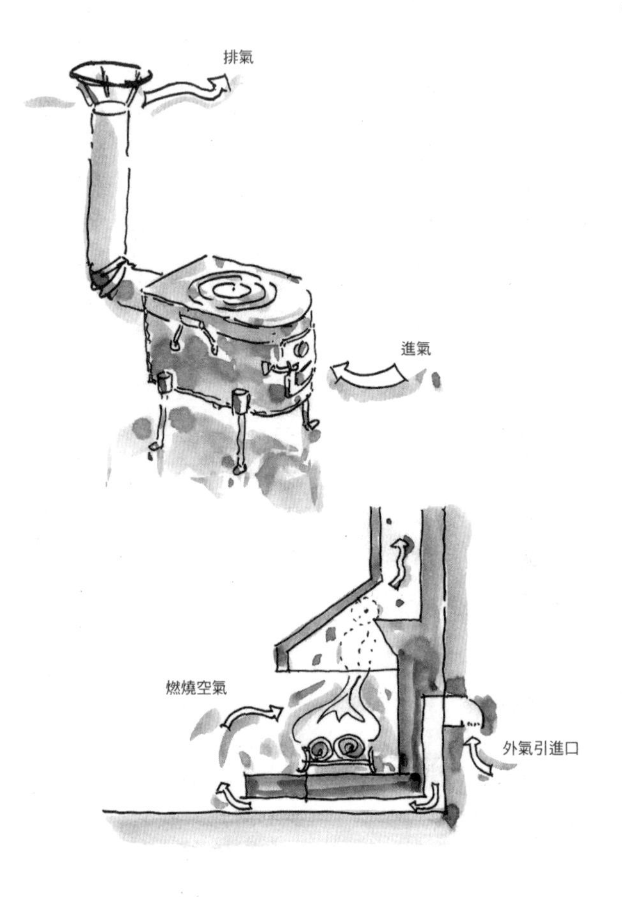

要讓薪火燃燒必須有空氣，但直接引進外氣的話，室內會太冷。

當室內有許多空氣流動時，意謂著有相同分量的室外空氣流入室內，拉低了室內的溫度。就這層意義而言，壁爐是比暖氣機更厲害的換氣設備。

可是也正因為有這麼多空氣在流動，暖爐裡的煙才不會流入室內。

開放型的燃燒設備在維持燃燒狀態上，有許多注意要項：

- 大量的流動空氣將降低煙囪裡的溫度，阻礙燃燒，而一個壁爐的燃燒效率就取決於煙囪的優異。
- 為了保持燃燒，必須讓輻射熱反射回燃燒處，這就是壁爐造型的原因：為了將燃燒體發散出來的輻射熱再反射回燃燒體上。
- 為了避免龐大的換氣量降低燃燒溫度、拉低室溫，必須先將外氣預熱。此外，最好也不要讓外氣經過室內，可以用風管將外氣導引至燃燒設備。

5 建構涼爽住居經驗談

冷氣雖然涼爽，但在冷氣房裡待上一整天，任誰都會覺得不舒服。一些辦公室裡怕冷的女性紛紛在膝上蓋毛毯，已成為夏日的常見景象。男性朋友恐怕也沒好到哪裡去，小腿肚總是腫脹沉重。要度過這種蒸籠般的酷夏，到底應該怎麼辦呢？

023 ＝炎熱時調低氣溫並沒有用

冷氣雖然涼爽，但在冷氣房裡待上一整天，任誰都會覺得不舒服。一些辦公室裡怕冷的女性紛紛在膝上蓋毛毯，已成為夏日的常見景象。男性朋友恐怕也沒好到哪裡去，小腿肚總是腫脹沉重。

要度過這種蒸籠般的酷夏，到底應該怎麼辦呢？

老實說，冬天有很多過冬的對策，但夏天可就難了。

為什麼呢？因為每個人覺得舒適的狀態、可以忍受的程度都不同，尤其是盛夏，個人差異非常明顯。

先談一下夏天與冬天做法上的相同處好了，那就是整頓輻射環境，也就是選擇隔熱性良好的材料。這麼做可以遮掉不必要的熱氣。另外也要防止直射與天空輻射的影響，雖然會稍微暗一點，但請在窗戶上裝上窗簾或簾罩。這能讓你的體感溫度降低很多。另外在室內的話，請把白熾燈換成螢光燈，也要遮擋冰箱等發熱體發散出來的輻射熱。

做到這一步之後，接下來就是控制室內的氣流。撐過火辣夏天的最佳方式就是自然通風。萬一不能自然通風，只好借助電風扇的輔助。最近有些電風扇也能製造出如同自然風般的氣流。

有各種方式可以讓人住得涼爽舒適，你要不要也整頓一下居家環境呢？

接著終於來到控溫了。

基本上請使用熱汞式冷氣機，溫度請依照政府所推行的 Cool Biz 活動設定在攝氏二十八度。不過只開空調會覺得腳冷頭熱，這時如果有天花扇可以轉成微風，以捲動室內空氣，就不需要再特意降低溫度。

此外還有一招，就是輻射冷房。理論上這是一項很棒的做法，但必須搭配除濕，否則會產生大量的結露現象，實際上很花錢，因此令人猶豫。

大家在盛夏時如果走進鐘乳洞或洞

窟，一定會覺得很舒服吧。因此周遭的濕氣雖然令人在意，但這也是地熱效果之一。

世界上有各式各樣的民宅，中國的窯洞、土耳其的卡帕達奇亞（Cappadocia）等都是住在地底的生活方式。目前中國還留存著窯洞生活。在大自然中，正存在著我們所追尋的舒適處所呢。

024 ‖ 潑水原理與屋頂綠化

從前沒有冷氣時，大家拚命想出很多招式來降低溫度，但有了冷氣後，什麼也不用想，直接按下開關就行了。

從二〇〇三年開始的「大江戶潑水大作戰」每年參加的人數逐年增加，二〇〇五年時已經達到一百萬人前後。很多民眾都親身感受到光是潑水就可以降低大約攝氏兩度的溫度。

從前沒有冷氣時，潑水可是夏天傍晚的季節即景呢。

潑水的效果在於蒸發熱氣，由於水蒸發時會帶走地面的熱量，濕度雖然也會升高，不過在戶外有風，因此一點也不覺得鬱蒸，反而覺得地面散發出來的冷輻射效果令人舒爽。

當我們把西瓜擺在井水或水裡冷卻時，會在上頭蓋條毛巾，運用的也是相同的道理。屋頂綠化也具有同樣的效果，冬暖夏涼——有這樣的成效。

最近屋頂綠化在都市裡愈來愈普遍，某些地方政府也提供補助，雖然普及效率可能並不快，但也一點一滴孕育出容易綠化的環境。不過屋頂綠化時，一定要注意土壤飛離的現象，尤其是專門賣給屋頂綠化使用的土壤，雖然保水性良好，可惜很容易滿天飛。因此最好實實在在地計算屋頂荷重，使用重一點的土壤。另外在扶手形狀等細節設計上多下功夫，也可以降低屋頂上的風速。

在三層樓的公寓頂樓設計了屋主專用的庭院。走上頂樓，瞬時覺得天寬地廣。

025‖通氣工法與倉庫原理

農村地區時常可以看見主屋和倉庫並存的風景，景致中透露著一股豐饒與從容。仔細一看，你會發現這些倉庫的屋頂有兩層，也就是所謂的「雙重屋頂」。為了不讓受日照後的屋頂熱量傳遞到倉庫裡頭，而讓風從屋頂的上層與下層間通過，帶走熱氣。

有些人可能會懷疑，這麼做的話冬天不會太冷嗎？其實這樣才好，因為對倉庫來說，最需要避免的就是劇烈的溫度變化。常被人拿來當例子的正倉院倉庫正是這種情況。雖然冬天冷得沒辦法住人，可是只要不產生劇烈的溫度變化，就是適合保存物品的環境，儘管外頭夏天再熱，只要倉庫內的溫度升降微緩，物品就能保存得更長久。

除了使用通風來隔熱的做法，還有一種重要的結構，就是熱容量。厚實的倉庫牆壁能讓倉庫內的溫度穩定。請你回想一下，正倉院的倉庫結構絕對說不上完美，因為它只利用了通風與隔熱的做法來達到保存成效，而未採納熱容量做法。

事實上，我聽說有調查報告指出，正倉院裡對保存最有助益的，其實是層層疊疊的收納箱與包裹。建築物本身採納隔熱通風，而收納箱雖然無法儲存熱容量，卻可以歸類為有隔熱效用。

從這些倉庫學習到的知識，我們也該應用到住宅中。目前外牆與屋頂已普遍採納通風系統，下一步就是熱容量的應用。我們一定要積極活用這些智慧。

6 對付濕氣經驗談

最好的除濕方法是維持環境通風。最近有一些除濕器之類的器材，只要在封閉的空間內使用就能除濕。不過我們平時生活的地方很難完全封閉，因為出出入入，加上空氣不好。因此梅雨季時想維持舒適的室內空間，就不要讓室內溫度產生不必要的提升。也就是不讓多餘陽光進到室內，同時維持通風良好。

026＝高架地板的祕密

當太陽照射地面時，會讓許多水蒸氣由地面蒸發，曬得愈久，氣化熱所帶走的熱量愈多，愈涼爽，因此溫度不容易上升。相較之下，水泥地與柏油地由於不容易攜帶水份，溫度一下子就升高了，這是造成熱島效應的一大原因。

所以說起來，自然界的土壤、海、森林等，全是保持地球涼爽的重要分子呢。

月球表面上由於沒有水份，一小時之內，溫度竟可從攝氏七十度降至零下八十度。時常曬到太陽的滿月時分，溫度可以達到攝氏一百二十五度，而不太照射太陽的新月時候，則降到零下一百六十度。

讓我們回到濕度問題。位於東亞季風地帶的民眾由於要避免地表濕氣，大多住在高架屋。日本的沖繩在傳統上也有高架民宅，不過本州和北海道等冬天寒冷的地方則不適合興建高架屋。

從日本繩文時代的遺址中我們可以發現，繩文人搭建了高架倉庫以避開地表濕氣，冬季寒冷時節，高架屋不適合居住，於是繩文人便稍微往地底下挖，住在豎居式

高架地板可以遠離濕氣，有利於保存物資，卻不適合人居。高架住居的生活史，就是一段致力於讓生活舒適的奮鬥史。

住宅內。

住在高架屋的人如果要想持續居住，必須讓地板隔熱，因此榻榻米開始普及。

我想，古人在離開地熱這項地球資源之下往高處生活的過程中，一定經過了很長時間的嘗試與失敗。

可是為什麼他們還想住在高處呢？答案在於要遠離濕氣。這不僅是追求對人體更健康的環境，就以木造建築來說，掘立式柱（譯註：往地表挖洞，搭建主柱的做法，類似高腳屋）的壽命也太短暫，我想一定是基於這樣的原因。一開始住在高處的人只有高官達貴，也就是貴族。

人往高處爬——這種當權者的動機非常容易理解，也因此開啟了至今為止的高架屋歷史。

027 ‖ 梅雨時節首重通風

從通風開始，至通風結束。這句話簡直道盡了設計的一切。

日本氣候這麼溫暖潮溼，稍微一不注意就會發霉長塵蟎。對人類來講很舒服的氣溫，對生物、微生物來說也一樣舒適呢。

因此關鍵問題就在於濕度。對人來講，濕度令人很不舒服，不管是梅雨季或夏季，只要不潮溼，熱一點也沒關係。生物和微生物就不同了，愈潮溼愈容易繁殖，因此我們要對付的就是濕氣。

最好的除濕方法是維持環境通風。最

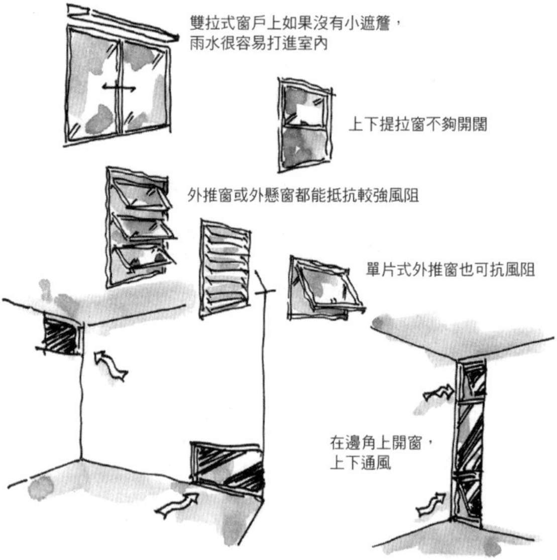

雙拉式窗戶上如果沒有小遮簷，
雨水很容易打進室內
上下提拉窗不夠開闊
外推窗或外懸窗都能抵抗較強風阻
單片式外推窗也可抗風阻
在邊角上開窗，
上下通風

善用各種窗戶組合搭配，正是潮溼地帶的居民為了通風而蘊生的小智慧。

近有一些除濕器之類的器材，只要在封閉的空間內使用就能除濕。不過我們平時生活的地方很難完全封閉，因為出出入入，加上空氣不好。因此梅雨季時想維持舒適的室內空間，就不要讓室內溫度產生不必要的提升。也就是不讓多餘陽光進到室內，同時維持通風良好。

一些有暖爐的家庭裡，梅雨季時點上暖爐，輻射熱便能讓空氣顯得乾爽。而暖爐裡的炭火也能讓人覺得心情舒爽，這種情況真的很有趣呢。

另外還有件事也很重要，就算梅雨季也不是天天下雨，因此出太陽的日子就要趕緊除濕、維持室內乾爽。在這方面，可以在牆壁、天花板、地板上使用除濕與放濕性良好的素材，近來常用的有矽藻土，此外，木材、土牆和和紙也很有效。

028 ‖ 加濕與除濕的陷阱

梅雨季節想除濕，於是打開冷氣機的除濕機能，但過一段時間後突然覺得冷，只好再把冷氣關掉。這是因為冷氣機雖然宣稱能「除濕」，其實利用的還是微弱的冷氣。

真正的除濕機在除濕時，會冷卻充滿濕氣的空氣，使其結露後再將冷卻的空氣釋放回原先的空間。

近來冷氣機愈來愈進步，有些同時具備了除濕與加濕機能。這些冷氣機的原理，是將發動來冷卻空氣的壓縮器所產生的熱能，將冷卻的空氣加熱。

以下，讓我們來看看除濕專用機的種類與選擇方式。

■壓縮式除濕機

與冷氣機原理一樣，將驅動時產生的熱量用來加熱除濕冷卻後的空氣。這類除濕機的特徵在於整體上而言會使室溫稍微上升，不過除濕力相當穩定，不受室溫影響。只是壓縮機運轉時的聲音有點擾人。

■乾燥劑（desiccant）除濕機

這類除濕機利用的是沸石（zeolite）這種多孔性乾燥劑的吸濕能力。讓固定於圓盤上的沸石接觸並吸收空氣中的濕氣後，再將吸濕的沸石加熱乾燥。藉由反覆進行上述步驟來實現除濕機能。這種除濕機的特徵在於即使在室溫較低的地方，也不會影響除濕能力。不過消耗電力較大。

■混合型除濕機

結合壓縮式除濕機與乾燥劑除濕機的特性，解決了低溫時除濕力低弱與夏天時造成室溫上升的困擾。

接下來介紹加濕機。加濕機是乾燥的冬天時不可或缺的機器，但在種類上各有利弊，使用時請多加留意。

加濕機分成以下四種類型。

■蒸氣式加濕機

以加熱器將水加熱、沸騰為蒸氣。由於會冒出白色蒸氣，很容易辨認。消耗電力較多，約在兩百到兩百五十瓦特之間，電費相對較高。

■氣化式加濕機

將風吹向含水的濾網，讓水氣化。由於不使用加熱器，不會造成出風口變熱的問題。這類型的特徵在於消費電力少，約在十五到三十瓦特之間。不過不適合應用在快速加濕的場合，同時有必要更換濾網。

■混合型加濕機

濕度低時，將溫風吹向含水濾網，使之加熱加濕並提高加濕量；濕度達到一定程度後，則改為不使用加熱器的氣化式運轉，讓濕度維持在一定程度。

■水噴霧式加濕機

將細小的水霧直接噴向空氣。這種做法會使水中所含的鹽份揮發到空氣中，因此如果在意這一點，就沒辦法安心使用。

029‖使用可調節濕氣的建材

生活裡有哪些方法可以調節濕氣呢？在此提供一些我腦中浮現的想法：

● 在室內使用高調濕性建材。
● 容易潮溼的浴室、洗手檯、廚房等處保持良好換氣。
● 將一樓地板抬高、脫離地面。
● 確實做好基地的地盤排水，不使積水。
● 切實管理好基地內植栽，維持通風順暢。

有以上幾種方法。

從前日本的建築物，地板上鋪的是榻榻米或木板，牆壁用土牆或灰泥壁，天花用木板，建築細部用木頭或紙，所有材料在調節濕氣上都有很好的功能。可是現代住宅的地板鋪的是聚氨脂樹脂，牆壁貼的是膠面壁紙，天花如果不是膠面壁紙就是樹脂塗裝，幾乎都無法調整濕氣。

明明現代科技這麼進步，怎麼會變成這樣呢？

更嚴重的是，由於冷氣機普及，我們的室內氣溫在冬天時大約是攝氏十八度到二十度，夏天則大約是二十五度到二十八度，舒服是舒服，可是室內外溫差太大，導致結露發生。再加上鋁窗的普遍使用與氣密工法提高了住宅的氣密性，也導致濕氣容易停留在家中。有這麼多問題，難怪「病態屋」會演變成社會問題。

現在讓我們看一下室內的調濕機能。

■木類

日本人自古便與木材一起生活至今，也懂得把木炭混在地板下的地盤中，以防止濕氣。

・木材　・木質纖維板　・木炭

■土類

傳統上使用至今的有土牆和灰泥牆，另外還有最近出現的矽藻土。矽藻土是矽藻等微生物的化石，具有微小的孔隙，因此用來當成保溫材與吸收材。

・黏土類　・灰泥類　・火山灰類　・多孔性陶土　・沸石類陶土　・矽藻類調濕材

■石類

用於博物館等收藏庫與展示箱。

・矽酸　・二氧化矽調濕材

7 水道問題經驗談

望著小庭園，享受露天沐浴的開放感，放鬆的好好洗個澡。不要樹脂浴缸，要木製的。要夠寬敞，才能跟家人共浴。最好還有按摩浴缸……等等等等，愈想愈多。也要考量到窗戶的位置與高度，避免視線穿透，更重要的是不能讓黴菌恣意橫生，要容易乾燥才行。

030 ＝用水處也隱藏著歷史與智慧

相較於三十幾年前我剛進入設計這行時，現在有一點很不同的是家庭內用水的地方大為增加。尤其是這兩三年，日本衛生器材在設計上進步許多。

●**廁所：**最近馬桶的進化，有些還真是令人目瞪口呆。變得很簡潔，有些上了不易髒汙的塗料，只要一點點水就能有效洗淨。溫水馬桶也在這十年內大量普及，算是日本的獨特技術。不過有些地方仍舊沒變，例如男性依舊容易把馬桶四周弄得髒兮兮，馬桶周邊同樣很難清洗。最近似乎有愈來愈多的性改用坐姿上廁所，或許這是最適合西式馬桶的姿勢吧？

●**洗臉檯周圍：**幾乎所有家庭都在洗臉檯旁脫衣和洗衣，因此大家都希望這裡設計比較多的收納空間，以放置洗滌用具與布料。這地方的動線規畫很重要，要讓人容易走動、打掃，通風也必須良好。如果空間夠大，可以考慮設置專門洗滌髒物的汙物盆。不在乎的話，不妨把陶瓷洗臉盆改為不鏽鋼製，用起來更方便。

●**浴室周遭：**日本人心中最理想的浴室應該是日本旅館的浴室吧？望著小庭園，

享受露天沐浴的開放感，放鬆的好好洗個澡。不要樹脂浴缸，要木製的。要夠寬敞，才能跟家人共浴。最好還有按摩浴缸……等等等等，愈想愈多。也要考量到窗戶的位置與高度，避免視線穿透，更重要的是不能讓黴菌恣意橫生，要容易乾燥才行。

浴室還有一項課題，那就是冬天的暖氣。先前我嘗試了埋在天花板上、附有暖氣機能的換氣乾燥機，結果一開暖氣，換氣機能就不能使用了，之後我便改用掛壁式電暖器搭配換氣扇。

雖然也可以選擇暖氣地板，但溫度上升緩慢，因此除了客廳等時常使用的地方外，像浴室這種地方並不適合。

031＝做好排氣，但進氣糟糕一樣沒用

法律上規定住宅必須能二十四小時換氣，也就是家裡要有許多能讓外氣恆常進入室內的開口，因此這方面不需要太過擔心。要擔心的是裝了強力換氣扇，卻沒設置進氣口，那即使有換氣扇也無法作用。

這問題在狹窄的空間更顯嚴重，尤其廁所和浴室一定要有進氣口才能換氣。如果我們打開門時，感受得到門後有一股阻力，一定是進氣口設置得不夠，甚至根本沒設置。

■重點在於讓出口與入口銜接在一起

那麼是不是只要有進氣口和排氣口就沒問題了呢？倒也不是這麼簡單。比方說，如果浴室的進氣口與排氣口之間有個人脫光光正在洗澡，那麼他夏天雖然會覺得涼快，冬天可就冷死了。從外頭直接進氣的話，情況更嚴重。

這種情況也適用於廚房。尤其是瓦斯爐上的排油煙機，風量大約是浴室換氣扇的四、五倍，如果這時候又有風勢影響，情況更糟糕。當人站在風勢流動的路徑中，夏天會把他熱死，冬天則冷得他受不了。

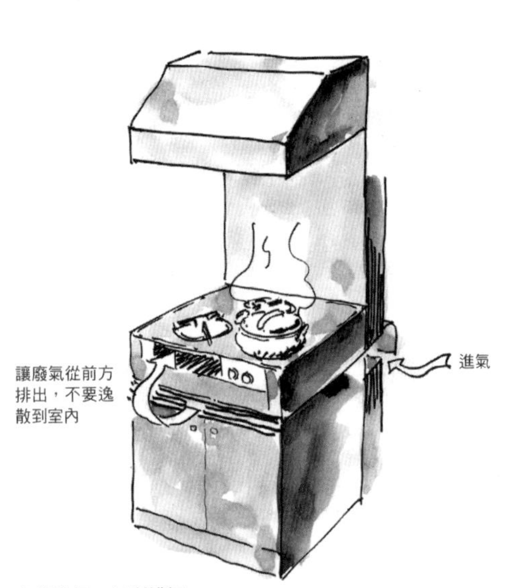

必須進氣，以利排氣。

■空氣沿著牆壁流動

空氣在本質上容易順著牆壁流動，這點只要觀察一下抽油煙機就知道了。以前的抽油煙機大多有個覆蓋的罩子，讓空氣更容易沿著抽油煙機的機面流動，因此位於做菜者前方的空氣並不好，但後頭牆壁的空氣卻流動得比較快，於是大家希望可以保持乾淨的牆壁就這麼髒了。

最近的抽油煙機有了很大的改進，看得出設計上順應了油煙空氣的流向去設計。重點是換個角度，從空氣的角度思考。

032 ║真的大小全包嗎？

「什麼東西都愈大愈好」這句話絕對有錯。

有時候有些細心的業主會要求我：「把排水管做大一點。」這個要求乍看之下好像很合理，其實背後沒這麼容易。

比方說，讓我們想得誇張一點好了。

假設有一根很大的排水管，直徑是一公尺，裡頭有所需的排水。水會隨著地板下的洩水坡度經過基礎流到外頭的陰井去。問題是，當排水管的管徑這麼大時，水雖然會隨著洩水坡度流洩，但固體可就沒這麼容易流動了。當水量稍微小一點時，水勢一弱，固體便停住。就好像上下班時間擠滿人的電車出口一樣，當人流一停，便發生了阻塞。

一般廁所的排水管用的是直徑七十五到一百釐米的管道。水量較少的省水馬桶則以七十五釐米較為適合。廚房排水管是五十釐米、汙物盆是七十五至一百釐米、清掃盆則以六十五釐米最為合適。在上述情況中，大的並不見得能包辦小的所具有的功能。

至於進水管呢？大的管道應該能承載小口徑的功能吧？的確沒錯，可是為了減少不必要的浪費，我們需要的是最具經濟效益的設計，因此住宅進水管最大口徑為二十五釐米，大便桶、汙物

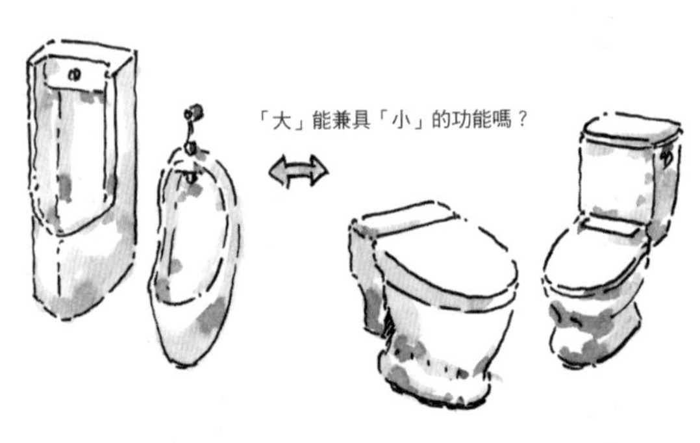

西式便器不適合男女通用，可是小便斗又有小便斗的問題。

盆、深度較深的大浴缸、一般浴缸、清掃盆或水龍頭所用的則是二十釐米，至於其他一般進水管只要有十三釐米就很夠用了。

便器的水管口徑也是個問題，大小通包的西式馬桶並不是適合男女性雙方的便器，於是我們有了男性專用的小便斗。這雖然是為了男性而設計，卻有個大缺點：無法像西式馬桶一樣在水箱裡注滿水，因此便斗盆便容易髒汙，散發尿騷味。

而且裡頭的東西讓人一清二楚，實在不舒服。

這方面目前為止還沒有解決之道，所以很遺憾的，便器的世界裡也不是「大小全包」呢。

033 ‖ 存水彎之戰

相信大家在日常生活裡，都曾經突然覺得「咦，好像聞到下水道的臭味……」，這種情況是怎麼發生的呢？

以從前的情況來說，通常是淨化槽出了問題，於是便從排水溝傳出不舒服的味道來。現在有時候我們也會聞到公共下水道傳出放流水（屎尿與各種雜水）的臭味。我還記得從前淨化槽會連接一根「臭氣管」，把臭氣引到大家聞不到的地方。

那麼家裡的情況又是如何？

前些日子，發生了這麼一件事。

有間剛完工的住宅，業主抱怨廁所和浴室傳出下水道的臭味。我心想，現在怎麼可能還有這種情況呢？但業主既然這麼說，想必不假，於是前去一探究竟。

還真的很臭呢！這下子可麻煩了，到底臭味是從哪裡傳出來的？我把原因與條件一一過濾。

首先是浴室。如果裝的是預鑄式整體浴室，浴室本身的存水彎便會連結到排水口，這麼一來存水彎裡的水便能把室外排水溝與室內的排水口

閘門式落水頭
（商品名稱）
這種乾式落水頭不用擔心封存的水漏出。

地板落水頭
最常見的地板用落水頭，不過排水能力稍弱，容易積水。

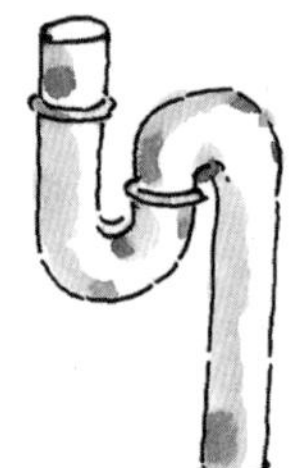

S 型存水彎
常用於廚房排水。相較於P型存水彎，容易發生內部虹吸現象，讓內部積水溢出。

P 型存水彎
這種造型最有利保存內部封水，廣受採用。

完全阻隔，不使排水口的臭味傳進室內。但如果是現場施作的浴室，浴缸通常不會有存水彎，只要把浴缸的排水栓打開，浴缸底下的地盤臭味和排水管的臭味便會飄進室內，所以我先前已經請業主要記得關上排水栓。

但新落成的房子怎麼可能會有這種臭味呢？

原因可能有二。一是浴室位於一樓，因此二樓排水時，也可能會把浴室地板排水裡的存水彎中的水封給帶走。另一個可能的原因則是，浴室排水所連結的外部汙水下水道沒有裝設汙水存水彎。為了確定是不是第一種可能性，我從二樓廁所試著排水，結果並沒有問題。接著要檢查的則是位於浴室旁的洗臉檯排水，這裡也正常，因此可知原因出在外部的汙水管道。還有一個地方也傳出了臭味：客用廁所。

臭死了，還是屎尿味呢！我想這問題應該出在便器。

一談到便器，我總會想起一件萬分慘痛的經驗，那是發生在一家六本木的高級法國料理店開幕當天的慘事。

當天，鋪上高級地毯的廁所從排水處開始漏水。由於正在營業，沒辦法封住廁所檢修，現場負責人只好等客人一上完廁所，便馬上拿著抹布進去整理，就這麼撐了一天。

原因出在地毯是後來鋪上的，因此銜接馬桶的排水坑口高度不足，使馬桶與排水坑口間沒能銜接好。

這件事讓我上了一課，因為這件事，我才知道馬桶與排水口是怎麼連結在一起的。回頭一想，這也是沒辦法的事，水道管線的廠商應該沒想到之後居然會裝地毯吧。這次發生在這間住宅的問題，跟那家高級法國料理店一樣，都是因為馬桶與地板的排水坑口（法蘭接頭）之間出現縫隙。

034 ‖ 一言難盡水龍頭

水龍頭各式各樣，現在這時代誰也不敢說「不過就是支水龍頭」這種話。因為水龍頭的器材、種類五花八門，要是把水龍頭旁的洗臉盆、洗手檯、洗手槽也包含進來，變化更是多端，全都是「一濕就濕到天邊」的學問哪。

■濕身背景一：臉盆與水龍頭的關係

當我們想選用花崗石當做洗臉檯的檯面時，當然希望臉盆能做成下嵌盆。

我之所以特別提到「下嵌」，是因為一般水龍頭都固定在檯面上方。洗臉盆的話那還沒什麼問題，可是如果是廚房，除非有什麼美觀上的要求，否則我們還是希望水龍頭能固定在流理檯這一側，因為這樣能避免檯面上方被水淋濕。

以前我幫餐廳設計時，曾經做了一間很漂亮的洗手間，洗手槽用的是下嵌盆，不過水龍頭卻做在檯面上方，因此水龍頭的四周時常會積水，員工動不動就得去檢查、打掃，忍不住跟老闆抱怨。有了這次失敗的經驗後，我在這方面一直很小心。

為了解決水龍頭周圍的積水問題，最近TOTO推出的廚房流理檯特別把水龍頭固定在正面豎起的背板上。從前的洗手檯其實幾乎一定會在水龍頭周圍設計洩水坡度，以免檯面積水。TOTO

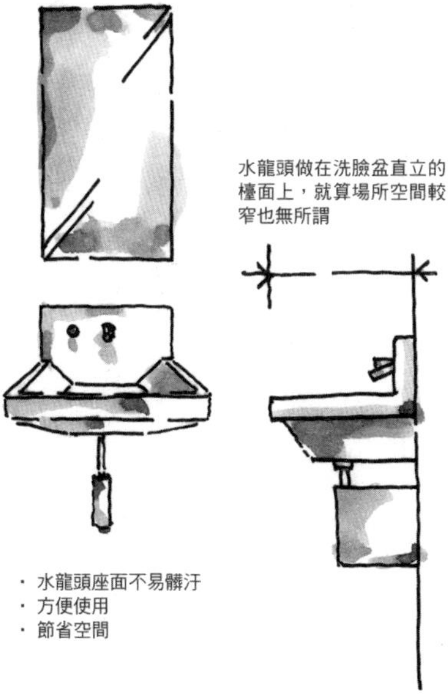

水龍頭做在洗臉盆直立的檯面上，就算場所空間較窄也無所謂

- 水龍頭座面不易髒汙
- 方便使用
- 節省空間

洗手檯環境雖然沒什麼劇烈變化，但仍一步步改善。

這項商品，可說是將水的特性忠實地反應到細部設計。

■濕身背景二：單柄水龍頭全盛期

讓我們回到二十五年前。當時我初入設計界，業界有項認知是「單柄水龍頭容易故障，最好慎重考慮」，這是一名優秀的設計者應該有的基本認知。可是現在幾乎沒有人會擔心這種事，我家的單柄水龍頭已經用了十二年，連墊片都沒換過呢。

再加上考量到無障礙空間的使用性，現在可說是單柄水龍頭的全盛期唷。

■濕身背景三：控溫水龍頭出場時機

以前的控溫水龍頭是只有高級住宅才會裝設的器具，也就是所謂的精品設備。當時必須考量控溫水龍頭要裝設在住宅設備系統的什麼地方、如何控制熱水溫度等。

現在的熱水智慧控溫機能則大多裝在熱水器上，控溫水龍頭早已失去以往的功用，因此在居家中的出現頻率大減。

但當我們追求更上一層樓的熱水供應表現，也就是希望「淋浴時水量豐、水力強」時，這時控溫水龍頭又派上用場了。控溫水龍頭在對應失智症與高齡者使用上也有良好的表現。設備器材是一種隨著時代變遷而轉變機能的器具呢。

035＝廚房是家裡唯一勞動與生產的空間

不管是農家也好、商家也罷，從前的住宅除了是居住空間，同時也是勞動生產的空間。全家人同心齊力打拚，分享收穫、互相照料，當真是喜怒哀樂都在一起。

現代社會卻把勞動與生活空間分開。在家裡，小孩子再也看不到父母親工作的背影，只看得見他們在休息，無法打從心底對工作的父母產生敬意。但在以前一起勞動的年代，家人的喜怒哀樂我們隨時都感受得出來。

現代經濟讓一切都間接化了，在家裡看不見父母親流汗打拚的姿態。但即便在這樣的年代中，住宅裡還是有一個地方屬於「勞動生產的場所」。

在那裡，我們採買進貨、加工、消費、收拾，把多餘的物資保存下來，那裡就是全家一起勞動的廚房。所以我認為那裡是現代家庭裡最應受重視的場所。

當小孩跟著父母一起去採買時，看得見父母親在買菜時的態度、思考、判斷、經驗、與店主的交涉、節約、物資的新鮮度、是否當令等等，這些對小孩子來說都是很棒的社會經驗。

容易使用、通風採光都經過良善配置的廚房。

菜買回家後，接著加工處理。煮菜要著重滋味、擺盤、季節性等等，充滿了飲食文化和生活文化的精髓。

這些都會讓孩子大開眼界。

當小孩子看見宴客的餐桌上擺出了跟平時不一樣的裝飾，也會覺得驚喜。

看見父母親把當令便宜的蔬菜醃製保存，更令孩子歎為觀止。

接著家人共聚用餐，享受一頓大家合力打造出來的美食，最後則是收拾整理。整個過程雖然簡潔濃縮，卻是孩子接觸「工作」這件事的最佳教材，而廚房也成為全家人一起勞動生產的空間。

就這層意義而言，廚房無疑是住宅的重心。

因此希望大家能重新看待廚房的價值，將它視為重要的生產場域。對退休後打算把家裡當成人生最後一個避風港的團塊世代而言，也不妨考慮將原本小巧的廚房重新整修為方便使用的餐食空間。當你開始種菜後，每次一收成就是一大把，這時如何加工保存才是重要課題呢。

8 生活收納技巧經驗談

輕的、體積大的東西，我們就把它擺在比眼睛高的地方，重的則收納在腰部以下的位置。從「人體機能和結構」考量的話，這應該很合理。輕的東西我們只要單手就可以拿進拿出，重物卻要雙手拿，還要借重腰力。因此在收納時要考慮到這些動作，尤其是在廚房的使用上。

036＝收納心得

一開始我想先聲明，住宅設計有預算的考量，也有容積率的限制，所以一個家庭的總面積從一開始就已經決定了。當把愈多的空間挪做收納，就代表生活空間愈少，所以一定要考慮到兩者之間的平衡。好吧，那麼收納時有哪些事必須留意呢？

●**把東西收在使用的地方：**這聽起來很理所當然，卻是個很容易被忽略的重點，不過只要有心的話一定辦得到。廁所衛生紙、洗手檯

最有效又最容易使用的收納方式，就是依循空間特性設計的收納。

毛巾、內衣類、洗衣精等都屬於這類用品。這些東西都不太占空間，可是只要收在使用的地方，家裡看起來就很清爽乾淨。

●**大又輕的東西擺在上面，重物在下，零碎物品擺在胸到腰部之間：**收納時如果不按照物品的大小重量整理，以便隨時取放，那收拾就沒有意義了。別忘了收拾其實是為了方便取用。

至於收納空間的細節則有許多必須檢討的地方，例如門扇要左右拉、往外開或是抽屜式？深度該做得深一點或淺一點？這些小細節都可以當成樂趣來思考，請別覺得很麻煩。

●**偶爾才用得到東西最好擺在不容易忘記的地方：**你是不是常把東西收起來後就忘了它的存在，直到搬家時才又想起呢？這種一收就忘的做法，就像把東西埋進墳墓裡一樣。像是電風扇、暖爐這一類只有當季才使用的用品、烤肉組、雞尾酒杯組等聚會時才會用到的東西，最好統統收在一起。你也可以在櫃子上貼張簡潔易懂的收納配置圖，如此一來就不會忘記。

037＝把東西收在要用的地方

當我們希望盡量收納更多東西時，通常有兩種做法。一種是把東西統統收在一起，擺在儲藏室之類的空間。另一種則是把東西分散，擺在時常用到的地方。

以收納原則來說，最好能一眼就知道東西放在哪裡，所以當收納空間的體積相同時，重點在於選擇深度淺而非深度深的，以爭取更多表面積。

各位讀者有沒有什麼心得呢？你平常在收納上採取什麼做法？

走廊上可以收納家人共用的小物品或清掃工具，廁所與洗臉檯則擺放相關用品，這方面應該很容易了解。

接著是個人房間。個人房間裡自然是擺放自己的物品，不過究竟哪些物品是屬於自己的呢？仔細一想的話，其實有些物品的所有權曖昧難分。

以書來說好了。有些書是自己的，有些卻是全家共有的。

所以最好能夠有全家共用的書櫃，或在走廊上擺放書架。

至於內衣，大家在浴室脫掉內衣後，還要洗、曬、摺疊後才會拿回自己的房間櫃子裡放好。這可說是家裡步驟最繁雜的物品，因此牽涉到的除了收納，還要考慮到清洗動線。

也有些家庭會把全家的內衣統統放在洗手檯附近。所以在收納上，不妨多跟別人討論、交流彼此的做法與經驗。

038 ‖ 腰到眼睛高度的空間最常使用

我們收納時，動作上最方便的應該是腰到眼睛之間的這段空間吧？

如果放在腰部以下，就得彎腰；放在眼睛以上，根本看不見。因此收納時，請盡量在這段高度裡擺放愈多平時常用的東西愈好。這樣的家，使用起來就很方便。

對設計者而言，要使出渾身解數，盡量將收納空間塞在這段高度裡。可是一個家並不是只要滿足收納機能就行了，千萬別忘了另一件重要的事：要讓空間看起來寬敞，或讓視野延伸。如果從地板到天花板的壁面滿滿淨是固定式收納，看起來會很有壓迫感。這時只要讓中間有一段空間留白，就能消弭壓迫性，讓空間看起來開闊。不管什麼事，平衡都是上上之策。

039＝從重量決定收納場所

收納時，從重量考量也很重要。輕的、體積大的東西，我們就把它擺在比眼睛高的地方，重的則收納在腰部以下的位置。從「人體機能和結構」考量的話，這應該很合理。

輕的東西我們只要單手就可以拿進拿出，重物卻要雙手拿，還要借重腰力。因此在收納時要考慮到這些動作，尤其是在廚房的使用上。

常有人把一堆湯鍋、炒鍋之類東西的擺在流理檯下方的櫥櫃裡，要拿出來時，得先把其他東西統統取出，把自己要的那件物品拿起來後，再把其他東西收回去。這樣收收放放是不是已經成了家常便飯呢？尤其當我們在做這些動作時常常是單手拿，這種姿勢絕不妥當。最好的辦法是設計一個大抽屜，這樣就可以把身體重心擺在靠近自己的位置，用雙手拿東西。

040‖大開大闔式收納法

且讓我提提一件往事。我三十六歲創業後接了第一個案子，那時候覺得既然要做，就要做個完美的廚房，於是投入相當的心血。

我把廚房裡會用到的各種器材、工具條列出來之後，想為它們各自設計出最適合的收納場所，於是有了垃圾桶、調味架，玻璃雙拉門採用不易藏汙納垢的無溝縫設計，抽油煙機選擇吸力強、不易髒汙的款式。除了收納，我更在所有細節上追求完美，連瓦斯爐的進氣也直接設置在爐火的開關底部，以免影響室內空氣。

櫥櫃門扇做得像衣櫥門一樣只有一片。打開時一目了然。

可是現在我的想法卻有了很大的轉變，我覺得一樣物品不見得一定得放在哪裡才行，大一點、隨意一點的空間在收納時更有彈性，費用也比較低廉。我目前的想法產生了這樣的轉變。

看來年齡增長這件事也挺有意思的呢。

041 ‖多用點心，到處都是收納空間

牆厚只要有十到十五公分，就能擺放許多物品。

例如化妝品、袖珍版平裝書、家居洗潔淨、芳香劑、衛生紙、面紙、罐頭、保存食品等等，很多東西都放得進去。

只要有心，玄關、廁所、洗手檯、走廊、廚房……到處都找得到合適的收納空間。

和室地板只要抬高三十公分以上，地板下就能放很多東西了。這種空間放座墊和暖桌的被子剛剛好，有些人擁有比較長的釣魚用具等，也適合放在這裡。

只要有心，樓梯扶手也能變身收納空間，擺放小開本的書籍漫畫等，讓空間有了人味。

側門旁走道上做了個 18 公分深的櫃子以滿足美食者的夢想，可放果醬或能保存的食品等。

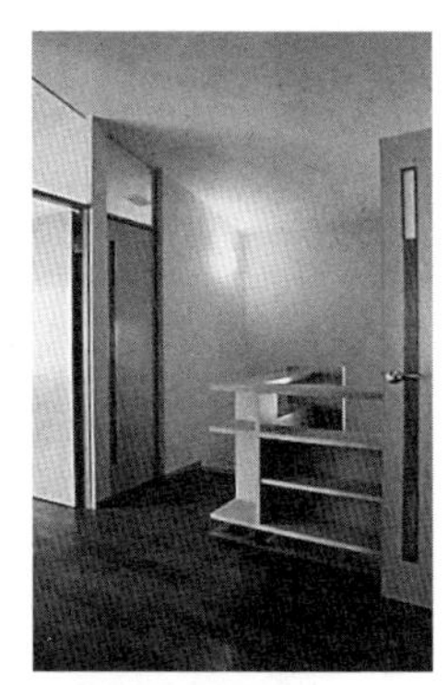

兒童房的櫃子不做背板，讓空間看起來更開闊。收納櫃雖大，看來卻很清爽，這種地方正看得出設計功力。

藏起來的收納空間和建築融為一體，空間更開闊。

架高 36 公分的地板下設計了有滾輪的拉櫃，能收放一大堆物品。

至於像深度比較深的廚房，只要從另一個立面下手，也能創造出許多擺放空間。樓梯扶手的牆壁也是，只要有十公分，就能塞進小開本的書籍。

除了做為結構用或隔熱用的外牆，我們也可以利用隔間牆的厚度打造出收納或裝飾空間。最近又多了LED照明燈具，更有利於打造出令人印象深刻、充滿魅力的角落或內凹式空間。

重點永遠在於自由地發揮你的想像力。

9 節能生活經驗談

地板下通風，確保夏天通風、冬天保溫。屋脊裡的通風與排熱，則必須透過風道（風洞）促進氣流上升，將熱空氣排出。此外，牆壁裡也必須設計能透過風壓自動開闔的控制閥，以確保一定的通風量。這些小細節一樣樣加起來，便能成就有效的節能系統。

042 ║高氣密、高隔熱及外部隔熱

三十年前，住宅只要裝上鋁框和隔熱材，就算是相當完善的機能了。那時候的隔熱材差不多是五十釐米厚，裝在牆壁與天花板上，如果有委託設計師，還會加裝地板隔熱材。

在那個時代，大家對隔熱材並不熟悉，偶爾在工地現場還會發生裡外搞混的狀況呢。

現在呢？

裝在牆裡的隔熱材跟柱子一樣厚，大約一百釐米，至於裝在天花板上的則是這個的兩倍。地板下與牆壁一樣。裝設時，會小心不讓隔熱材與

外部隔熱可以把生活空間與外界完全隔離。一般常見的壁體內隔熱（內部隔熱）效果不完全。

室內產生縫隙，因為這種縫隙正是造成壁體內部結露的原因。

牆壁內側由於有各種管線、結構上必備的斜撐與次柱、甚至還有結構上用到的五金材料等等，要在牆壁內側隔熱的話，勢必會產生縫隙，因此便出現了外部隔熱這種做法。

在外部隔熱，很容易便能消弭縫隙。這時候便不用在內部隔熱，只要在室內加裝氣密膜就萬無一失了。這就是外部隔熱的觀念，這樣大家了解了嗎？

比較麻煩的在於選擇哪種隔熱材，因為隔熱材的種類繁多。

- 至今為止普遍使用的是玻璃棉或岩棉。
- 近來有愈多人使用發泡樹脂。
- 天然材料有木漿與木纖維等有機材質。
- 因為價格高而難以普及的無機質發泡玻璃。

沒受過訓練的人，光看到這些種類再加上後續工法與維修考量，肯定一個頭兩個大。因為這些選擇各有利弊。

但有一點是相同的，就是不能把外牆完全包牢。

外牆一定要留空間讓壁體裡產生的水蒸氣逸散，尤其是在寒冷地帶。這些空間就是所謂的通氣層。

最近開發出一種發泡樹脂，能讓水蒸氣通過，卻能阻隔水滴，相當方便。

如今隔熱工法日新月異，我們有必要時常留意最新資訊。

除了牆壁的隔熱，還有窗戶周圍的隔熱，這方面可以使用隔熱框或隔熱玻璃等，選項也很多。在提升氣密性的同時，也要規劃換氣系統。最近在日本蔚為話題的二十四小時換氣系統，已是現代住宅不可或缺的利器了。

一下子說這麼多，恐怕會把各位搞混。請多花點時間，一項項慢慢研究吧。

043＝太陽能利用

在地球暖化對我們生活環境造成巨大影響的今日，如何善用自然資源已經成為生活中不可忽視的重大議題。

在諸多自然資源中，市面上銷售最廣、也最容易利用的便是太陽能產品了。其中又以屋頂上的太陽能熱水器為最，已經成為日本大眾習以為常的風景之一。最近連風力發電用的風車也看得到了。

現在讓我們把焦點擺在太陽能利用上，看看實際上這能為我們帶來多少利益。

以我二十五年來一直在鑽研的空氣集熱式節能屋為例好了。我在千葉縣我孫子市設計了一棟兩層樓的小型木造住宅。建築物座落於正南方往西錯移二十九度的位置，屋頂斜度二十四點二度，屋頂配置了二十八點八平方公尺的太陽能集熱板。在這樣的條件下，冬天最冷的二月份時每天可吸收熱量為

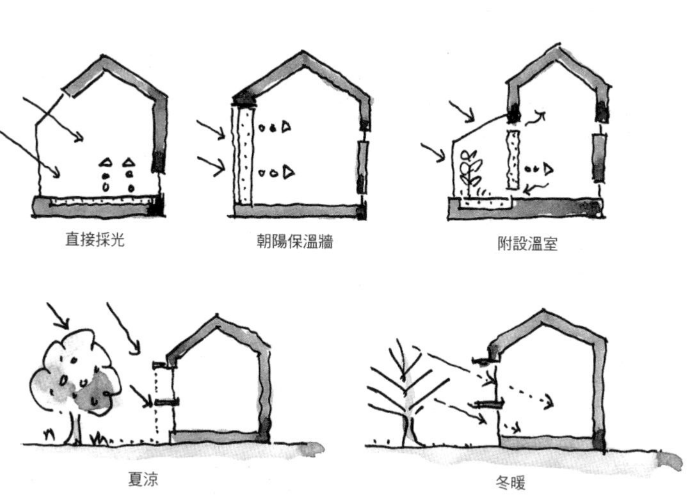

除了建築物，綠蔭也是太陽能利用的一環唷。

三萬八十六瓦特，下午兩點的集熱空氣溫度則為攝氏六十六度。這家人在冬天開暖氣時所需的熱量換算成煤油是一一五八升，其中百分之四十七點三可以由太陽能供應（採用 OM Solar 公司的電腦模擬試算結果）。

這不僅是能源效率問題而已，還有無法化為數字的「地板暖房加上換氣所帶來的舒適度」這種價值，是一般沒有使用太陽能的住宅無法比擬的，希望各位能多考慮在自家採納太陽能集熱的可能性。

除了太陽能集熱板，最近太陽能電池也急速普及，一方面是因為國家提供補助，因此有一段時間賣得很好，現在補助停止後市場稍微有點降溫。不過以長期眼光來看，太陽能電池能提升效率，也是最容易使用的設備。

除了大費周章地使用這些大型機器跟設備外，老祖宗也告訴我們要阻隔夏季的直射陽光，讓地面的泥土直接露出來，使熱氣蒸發，就能過得涼爽舒適。只要善用地底井水，也能冬暖夏涼。這些其實都是善用太陽能的智慧。

至於建築上，也有各種做法。譬如利用地熱的冷卻孔道、直接將直射陽光儲存下來的蓄熱壁與蓄熱地板，另外還有地底蓄熱，利用煙囪效應製造通風，以牆壁、矮牆甚至是樹籬來吸引氣流等做法。

當我們如今思考該如何利用太陽能，才發現這根本不是現代人開始的嘗試。正因為如今各種人造資源變得愈來愈方便，更彰顯出先人想方設法、善用自然資源的生活方式與智慧的可貴。

044 ‖ 活用晝夜溫差

夏夜溫度高於攝氏二十五度時，稱為所謂的熱帶夜，是特別炎熱的日子。但從另一方面來說，也意味著即便是盛夏，大多時候的夜晚溫度還是低於二十五度。白天的溫度大約是三十到三十五度，所以有十度左右的溫差，如果我們好好利用這個溫差，應該能度過一個舒適的夏天。

問題是，事實上我們很容易就依賴「方便有效」的冷氣機，而吝於從細節著手。目前已有各種利用晝夜溫差的節能做法，並且已經實用化了唷。

■通風原理的空氣循環系統

暖空氣較輕、冷空氣較重，利用這種空氣比重不同所造成的熱浮效應與風壓，在建築體裡製造出自然通風，使夏季涼快舒爽。或者把夜晚時的冷空氣儲存在建築體內，用來支付白天所需的熱負重。

為了讓地板下通風，必須在地板下設計可開闔的隔熱換氣口，以確保夏天通風、冬天保溫。

屋脊裡的通風與排熱，則必須透過風道（風洞）促進氣流上升，將熱空氣排出。此外，牆壁裡也必須設計能透過風壓自動開闔的控制閥，以確保一定的通風量。

這些小細節一樣樣加起來，便能成就有效的節能系統。

■夜晚以一百瓦特風扇吸引冷空氣的太陽能節能系統

夏天時，在夜晚以蓄熱混凝土儲存夜晚

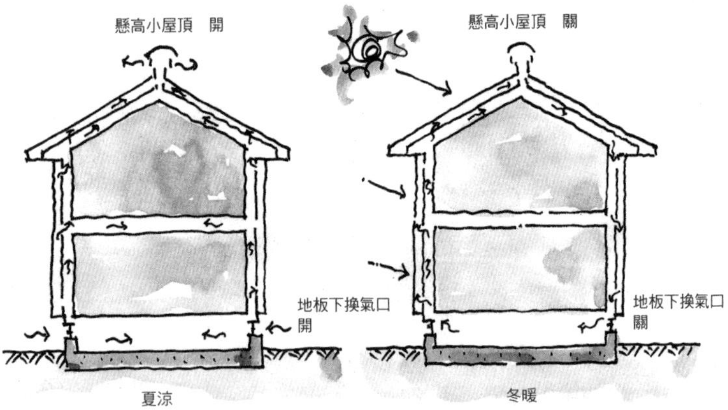

懸高小屋頂　開
地板下換氣口
開
夏涼

懸高小屋頂　關
地板下換氣口
關
冬暖

活用晝夜溫差。

的冷空氣，白天時，則透過屋頂將空氣溫熱後排散，並以熱氣來沸滾熱水。

冬天時，將屋頂溫熱的熱空氣直接引導至地板下蓄熱，同時保持室內溫暖。

春、秋之際，則由溫度反應器控制屋脊散熱與沸滾熱水的機能。

以上這兩種系統要說有什麼共通處的話，就在於建築體必須保有熱容量，並採用吸、排濕性良好的建材，才有可能打造出良好的室內環境。基本上，這些做法都是善用自然界本身的原理而已。

10 會呼吸的建材經驗談

天然材料易髒、不易打掃、品質不穩、施工繁複、容易腐壞，讓大家怨聲載道，所以才會以合成樹脂建材解決這些問題。因此當我們打算重新使用這些天然材料，就必須先改變自己的觀念，不要覺得天然材質很麻煩。不只是使用者必須如此，建造房子的工匠也要有這樣的領悟。

045 ‖ 自然材質最好

從前沒有人工材料，大家能用的只有自然材質。從身邊就地取材，就這麼跟大自然材料相處了千百年。但隨著最近這一百年內化學合成材料的普及，在我們的日常生活裡，無論是生活空間或裝飾品都看得見人工材質的痕跡了。

所有人工材質中，最高度發展的應該是衣物類吧！現在甚至還開發出穿在身上也會讓人不覺得不舒服的材料。不過建材還有很多問題，於是出現了病態屋。

如今很多公共建築仍採用合成樹脂建材，不過住宅方面，有愈來愈多用戶要求使用天然材

傳統建築用的都是天然材質，也是最容易取得的材料。

質。

讓我們來看一下，以前常用的天然材質有哪些呢？現在很多都沒辦法使用了。

- **屋頂材料：**茅屋頂（蘆葦）、木板屋頂（花柏、柿木、檜木、檜皮）、瓦片
- **外牆材料：**木
- **天花板、內牆材料：**木、竹、草（籐、葛、麻、棉、絹）、和紙、灰泥、土牆材料（黏土、砂、顏料）
- **地板材料：**木、竹、草（藺草、籐、黃麻）

當我們打算重新使用這些材料時，有一件事要事先想清楚，那就是為什麼天然材料會被合成樹脂建材取代？

因為天然材料易髒、不易打掃、品質不穩、施工繁複、容易腐壞、發霉與彎折，讓大家怨聲載道，所以才會以合成樹脂建材解決這些問題。

因此當我們打算重新使用這些天然材料，就必須先改變自己的觀念，不要覺得天然材質很麻煩。不只是使用者必須如此，建造房子的工匠也要有這樣的領悟。

自然材料還有一個很棒的地方，就是會隨著時間變化，展現不同的風采。觀看材質的變化也是種享受。合成樹脂一開始看起來雖然搶眼，時間一久便劣化乏味，令人

覺得無趣。

持久又可更新的天然材料正是永續資源的寶庫。一旦人們拋棄了這樣的材料，工匠徒有好技術也無從發揮。他們正在引頸等待天然材質重獲重視的時機來臨，在他們精采的技藝之中，就隱藏著長年培育出來的生活文化、品味與傳統的丰采呢。

046 ‖ 會呼吸的榻榻米無可取代

這一節，我想討論一下使用榻榻米的生活與使用地板的生活。

首先讓我們從寢室討論起。最近很多人都睡在西式床鋪上，由於床架底下架空，被子放在床上還不會太潮溼，不至於有什麼衛生上的問題——這是我們對床架的理解。

至於睡在臥鋪上呢？如果鋪在榻榻米上使用，每天都得把臥鋪收起，拿到外面曬太陽。仔細一看被子收起來後的榻榻米，早已被汗水溽濕。小孩的新陳代謝好，溽濕的情況更嚴重，不得不把榻榻米擦乾。可是榻榻米濕成這樣，這就表示被吸入被子裡的汗水相對較少，也就是說，因為有榻榻米，我們睡起來更舒適。

榻榻米是日本人獨特的文化。為了在架高的房子裡舒服地度過一年四季，而發展出這樣的設備。在冬天，榻榻米可以發揮隔熱保溫效果，避免冷風從地板縫隙裡灌進來。在悶熱的夏季，當榻榻米裡的水份蒸發時，便發揮了冷卻效果。所以這發明真是無比傑出。

另外，你不覺得榻榻米看起來很清爽嗎？還有什麼東西像榻榻米這樣能帶給人這麼多舒適愉悅？

如果榻榻米髒了、壞了，翻個面還能使用。就像紙門重新貼上和紙一樣，氣氛煥然一新。這一點也很可貴。

榻榻米表面用藺草織成，底下則用壓縮的稻桿鋪實。

047 原木最好

非化學合成的木料也分成厚度只有零點一釐米的木皮、厚度二到三釐米的木片、十二到十三釐米的木板、一百至兩百釐米的梁柱材等等。不同的厚度有不同的用法，如何在最恰當的地方使用合適的木材，是件重要的事。

首先來列舉一下原木的特徵。

■最有自然氣息的材質

木材光用眼睛看，就已經讓人覺得充滿自然氣息。除了看，我們還會用手摸、撫觸，在我們的腦海裡與材質有了進一步的交流，感受到跟材質之間的對話。木頭積木之類的木質玩具，能夠促進小孩子的腦

不管是多麼接近自然光源的燈具，都不如木頭反射的光線柔和。

波活動，激發孩子的感受性。換句話說，木頭能為小孩帶來良好的刺激。

- 樹木幾千、幾百年的生命就蘊含在木頭裡。
- 用愈久，愈好看。
- 年輪的表情溫和柔潤。
- 硬度與隔熱性恰到好處。
- 木頭香氣與自然氣息令人放鬆。

在各式各樣的木香裡，最自然與舒服的當推台灣檜木、檜葉與一般檜木。實驗證明，這些木香能讓人消解憤怒、緊張、疲勞、憂鬱等壓力。除了具有療癒功效，木香還能提升工作效率，這已經有臨床報告證明。此外木香還能降低血壓與脈搏。

這些木材的天然香味還可以消滅壁蝨呢。

048 ‖ 從土牆裡發現無限可能

室內環境汙染問題引起社會騷動，阻止地球暖化成為大家一天到晚呼籲的話題，這些都對建築觀念產生了影響。

這不單只是社會大眾的事，也是我自身面臨的課題。我也開始希望能盡量減少地球的負擔，做出對人類友善、善用永續資源，讓一切回歸大自然的設計。

於是我注意到傳統材料與工法。

這些材料有土、木、草、紙、布，甚至還有漆和柿子汁。簡單而言，都是傳統的自然材料，有一些適合的加工與表現技法。沒有這些技法的話，我們就沒辦法把這些材料加工成想要的形狀與建材。因此，歷史、文化、工匠與過往商賈世家所培育出來的感性，就隱藏在這些材料與技巧中。

專精紙和布料的有內裝師傅，精通木材的有木工與擅長卡榫等細膩工藝的木匠，泥土方面則有泥水匠與磚瓦師傅等等。

如今我在使用傳統的自然材質時，常痛心於我們並沒有把傳統的技術與感性給承繼下來，現在精通這些事物的師傅已經很難找了。

我現在常看到一些設計者簡直像外行人一樣，業主也什麼都不懂。可是在這樣的情況裡，我也發現，或許正因為「不懂」，這些人才會對自然材料產生興趣。因此如今採用天然材料的設計者與年輕的工匠愈來愈多了。

時代會變遷，價值觀也會隨著改變。如今天然材質的可能性又重新在世人眼前綻放出光芒。

在這些材料裡，土牆由於面積大，是大家最常接觸到的元素。它也是大眾身邊最常見的材料，具有明顯的區域特性。

049 ‖ 有趣的傳統灰泥

我在三十年前左右開始進入設計這行時，大家時興用石膏。石膏不像灰泥，在乾燥過程中不但不會收縮，反而還會膨脹，也不容易出現裂縫，因此被認為是很方便的材料。

不過石膏實在太白了，沒有灰泥那種質感，因此也漸漸遭到淘汰。

後來我有個機會前往生產灰泥的高知拜訪。

高知的灰泥稱為「土佐灰泥」。

這種灰泥雖然沒有加入海草糊，可是就算塗抹在物體外部，也能擁有良好的防水表現，是種很奇異的材料。

製作時，把石灰岩與焦炭一起燒成氫氧化鈣的步驟跟其他灰泥製程沒什麼兩樣，但在進行這個步驟時，也同時讓稻草發酵至全黑，再加入做好的氫氧化鈣攪拌，加水揉勻後，就成了土佐灰泥。稻草溶化的部分正好發揮了黏糊的作用，至於未溶化的纖維則當成乾稻桿。土佐灰泥剛拌好時一點也不白，帶點淡淡的黃綠色，而塗上牆壁後也還是那個顏色。當時我想，不知道接下來會怎麼變化？結果過了一陣子後就轉變成純白色了。

真是不可思議的材料。

不過灰泥雖然的確是天然材質，但有個缺點讓我這個喜歡爬山的人無法接受：灰泥會破壞優美的山坡地。在東京郊外的秩父山群的武甲山，就是因為採挖石灰岩而被破壞得面目全非，同樣的事也發生在北近江的伊吹山。看見山坡挖墾得亂七八糟，再想起從前萬葉集裡歌詠的情景，實在讓人緬懷又無限感慨。

還好後來有個機緣，讓我消除了這種惆悵的心境。在福岡縣柳川市的漁港裡有間生產「貝灰」的松藤石灰工業。一開始我只是好奇那到底是什麼工廠，一看之下馬上就知道那是生產灰泥的地方。工廠四周到處堆滿飽和赤貝的貝殼，臭得讓當地的人一點也不想靠近。這些貝殼焚燒後，就製造出氫氧化鈣。沒想到人吃剩的貝殼竟然可以生產出灰泥！這種資源回收實在太棒了，想到這不禁讓人覺得感激。遺憾的是，全日本現在生產貝灰的工廠仍舊少之又少。聽說青森和北海道的扇貝養殖業者對貝殼的處理很頭痛，我實在覺得，要是做成灰泥不是很好嗎？

050＝塗裝是為了防止髒汙

我身旁有個塗裝的案例，這案例其實就是我家。

新蓋好的房子，地板上塗上亞氨脂。做得漂亮又實在，既不容易髒汙，也不易反潮變形。

十五年後，廚房和餐桌這一段最常走過的地板開始出現磨損。

一開始發生問題的，是塗料最不容易塗得完全的角落地方。當亞氨脂一剝落，就從那裡開始滲入髒汙。

角落烏黑髒黃。正中央的部分由於塗料塗得很仔細，不太會磨損，還保持得很漂亮，於是兩邊的對比更加嚴重，剝損的部分已經沒辦法放任不管了。我修補了好幾次。等家人熟睡後，用砂紙研磨角落髒損與旁邊還殘留著塗料的部分，塗上亞氨脂，然後靜置至早晨等它陰乾。不過塗好後沒多久塗料又掉了，不徹底修理一回實在不行。

問題在於我家地板的木皮貼得太薄了，沒辦法整個重新塗裝。我懊悔不已，早知道應該選用實木地坪。

京都古剎的地板黑得發亮，參觀過的人無不為之震懾。可是地板之所以那麼黑亮，是因為沾染了油汙。即便如此，大家還是希望自己家的地板能用塗裝防汙，這方面，我們應該好好想一想。

塗裝有下列幾項功能：

- 美觀。
- 防汙。
- 耐久。
- 防水。

我們應該重新檢討塗裝的意義何在?我們希望生活空間的地板顯現什麼樣的質感?在考量過上述機能後，再重新判斷。

最近很多房子都採用無塗裝實木地板。木材本來就是一種會呼吸的材料，不施加任何塗裝，才是最善用木質特性的做法。

051 ‖ 從聲音著手，創造出寧靜空間

- 吸音材料：土、木、草、紙。
- 凹凸、層次。

● 從視覺創造出寧靜氛圍。

設計房間時要注意的幾項要點之一，就包含了聲音環境。怎麼說呢？設計時如果不假思索，設計出來的空間可能很容易產生聲音反射，不管是人的說話聲、電視聲，聲聲入耳，吵得人心情鬱悶。尤其現在很多家庭都採硬式地板，更容易產生這種問題。

地上鋪硬式地板、牆壁或天花板裝裝石膏板——這是很多公寓的實況。這種情形絕對沒辦法製造出良好的聲音環境。就我的設計經驗來說，地板、牆壁或天花一定要有一面使用吸音材，在地上鋪地毯或在天花板裝吸音材都是常見的手法。壁面吸音材的材料裡有一種吸音壁紙，雖然價位稍貴一點，也是一種選項。

音響室除了要注意吸音效果，也不能讓聲音跑到隔壁房間去，換句話說要注意隔音效果。

怎麼提升隔音效果呢？可以使用質量較大的建材，並且不要製造出縫隙。市售材料裡有以鉛板和合板製成的隔音板、加入鐵粉的隔音板，混凝土隔音板、成形水泥板等等。傳統做法則有以磚瓦堆積成厚實土牆的方式。

除此之外，為了創造出良好的聲音環境，還必須讓聲音毫無偏頗地在空中穿透。這點可以在牆壁或天花材質上選用有凹凸面的材料。這麼做的話，就可以解決同一個空間中，不同定點所聽到的音響效果不同的問題。

音樂廳的牆壁與天花上都有一些奇形怪狀的東西，那些東西就是為了增加聲音的亂射面、吸收低音。一般建材通常都能吸收中高音，至於低音，可以用大塊的振動板對應。

11 創造寬敞空間經驗談

除了用建具隔間，要區隔室內空間時，我們還能使用可動式家具。以可動式家具隔間的特點在於：隨時能視需求與喜好改變格局。缺點則是較沒有隱私。當孩子還小時，可以用可動式家具滿足需求，但孩子長大後，就得用固定式隔間區隔出獨立房間了。

052‖建具多樣化才是聰明做法

除了用牆壁隔間，我們還可以用各種建具做區隔。

尤其日本空間中使用的隔間建具之多已成為一種特徵。以前那種擺在玄關裡的衝立（譯註：一種固定式屏風，底部架高，上頭擺著一面固定的屏障）真是令人懷念，少了這衝立，從走廊到內部深處一覽無遺；而有了衝立，不管是對訪客或主人來說，都多了一點距離感，不至於那麼緊張。居酒屋的衝立也有這樣的效果，明明兩桌人之間只隔著一道屏風而已，雙方卻談笑風生而不覺

紙門、紙窗門、玻璃門、遮雨窗、現代的全板門等，大概沒有任何國家的建具比日本還多吧。

得尷尬，真是奇妙的器具。

紙門（襖）與可透光的紙窗門（障子）也鋪陳出許多類似的效果。大家隔著一道紙門，在相連的兩間和室房裡睡覺，這種事恐怕只有日本人才會習以為常吧？不過話說回來，現今的年輕人恐怕也不習慣這麼做。

紙窗門這種有窗戶的隔間工具能讓光線通過，雖然具有隔間效果，卻會讓人看見隔壁的情況。相對的，沒有紙窗的紙門就能阻絕視線，只讓聲音穿透，所以大家才能睡在隔壁房間而不覺得彆扭，因為它保持了一定的隱私性。

更簡易的隔間工具則是可移動式屏風和衝立。這也是因為日本人長久以來使用了各種隔間工具，奠定出獨特的感性基礎，才成就了這樣的器物。以此延伸，暖簾和竹簾也都可算是隔間工具。

西方建築從明治時代後開始普及，連帶地也把推門帶入一般日本民眾的生活中。一開始，推門只應用在西式房間，但由於推門具有的隔音性與容易上鎖的特性比拉門方便許多，因此廣受歡迎。不過在客廳、廚房或洗臉檯這一類相對開放的空間，拉門還是比較適當，因此拉門又重獲現代社會歡迎。對輪椅使用者而言，拉門比較方便這點也重獲肯定。

這麼一想的話，建具也反映出了人們的生活文化與歷史呢。

053‖和室的多樣性

只要鋪上榻榻米的房間就是「和室」嗎？說來的確是這樣沒錯，卻也稍微有點不同。讓我們把和室的定義放大一點看，應該還充滿了其他的可能性。

例如由紙門等拉門隔起來的連續性空間，其實在生活裡一直扮演多用途空間的角色。和室旁所連結的寬闊邊廊，則能保護室內不受外部環境的影響，有效發揮室內空間的作用。當室內空間太過狹小時，還可把邊廊當成室內的一部分。邊廊亦可做為家事服

白天是小孩子的遊樂場，晚上則是家族團聚處。紙門一開，電視就出現。晚上紙門一拉上，又成了夫妻的寢室。

務間，它的存在讓一個房間能夠發揮最大機能。

楊楊米空間裡並不擱置大型家具，有訪客來時只要稍微整理一下，就是間體面的待客室。到了過年，又搖身一變成為家族團圓的寬闊空間，提供舒適的聚會場所。有時它又變成寢室，真是充滿各式各樣令人驚豔的可能性。

傳統上，有好幾間和室連在一起的空間，除了當成個別的房間使用，當鄰里間或家族有什麼要事時，它又變成社群的空間重心，活躍於各種婚喪喜慶的場合。

招待朋友來家裡作客是最有誠意的待客之道。站在受邀者的角度，這種時刻更覺跟主人之間很親近。

讓我們重新審視和室所具有的多樣性與機能性，透過各種手法讓它同時發揮公共與私密的機能吧。

054‖善用家具而非牆壁來隔間

除了用建具隔間，要區隔室內空間時，我們還能使用可動式家具。以傳統家具來說，有面寬一百八十公分的廚具櫃，只要把這麼大一件家具擺在正中央，空間便被隔成了兩邊。不過傳統廚具櫃只能單邊使用，必須加工成自己想要的樣子。現代有些廚具櫃一開始便設計成兩面使用，至於訂製的廚具櫃，更能配合使用者的需求做變化。

以可動式家具隔間的特點在於：隨時能視需求與喜好改變格局。缺點則是較沒有隱私。當孩子還小時，可以用可動式家具滿足需求，但孩子長大後，就得用固定式隔間區隔出獨立房間了。

隔間時還有一個問題得注意，不管如何隔間，一面薄薄的牆壁所能製造的隱私性是不夠的，我們還是聽得到隔壁的聲音，感受得到隔壁的氣息。

此時可考慮以空間來隔間。一如字面上的意思，這種手法是用「空間」做出區隔。除了碰到特別情況，一般我在配置房間時

廚房櫥櫃設計了開口，適當區隔出空間又不會讓空間顯得太閉塞。

都採行這種手法。只要隔間時意識到要讓兩邊維持距離，就能創造出更好的隱私性。這種做法其實就是利用固定式衣櫥或櫃子隔間。將來如果需要，也可以把兩間打成一間，或把大房間隔成小間房間。

055 ‖ 提供單一用途的臥房

住宅裡有好幾種單一用途空間，除了像浴室或廁所必須與建築設備連結，其他比較單純的空間除玄關外大概就只剩下臥房了。

西式臥房的好處在於不用每天把被子、墊褥又折又擺，因此愈來愈普遍，可是西式臥房也有一些必須正視的問題。

有一陣子流行過各種折疊式床鋪，這種床鋪不耐久，不管是折起來、收納到家具裡或當成沙發使用，感覺上都有點不上不下的。

一間臥房裡如果要擺兩張單人床，至少必須八疊榻榻米那麼大。可是這麼方整的八疊榻榻米大空間在擺進床之後，寬度雖然足夠，長度卻有點緊迫，整個空間的比例會變得很奇怪。

最近我幫年輕客戶設計住宅時，都建議他們將臥房改為和室。因為這不但可以有效利用有限的室內空間，摺被、鋪被、曬被就衛生的觀點來看都比較衛生，因此我才這麼建議。

如果使用西式床鋪，恐怕一年或半年才會把床墊抬起來通風乾燥或曬曬太陽吧？這絕對不是什麼好事。

如果把臥房做成榻榻米房間，不但比較衛生，白天也能當成其他空間使用，譬如午睡、整理曬洗的衣物或接待訪客等等。如果家裡有小嬰兒，擺進嬰兒床後也不會顯得太狹窄，比較有彈性。

臥室做得再大，也只能當臥室使用。

056 ‖ 善用與保留基地長邊

要製造出開闊的空間感有許多方法，最基本的做法是在設計時從基地考量，究竟基地的哪個方位可以善加利用、缺點又在哪個方位，這些必須檢討清楚。

設計時可以善用借景手法，一般住宅區需注意窗戶與窗戶的關係、是否面朝道路或公園、寺院與公共空間等充滿開放性的空間。

第二個重點則是隔間。隔間時要盡量將基地的長邊效益使用至極致，可以將玄關的走道拉長，繞一圈後再回到長邊來重新看到這個面向的風景，就跟傳統庭園的借景手法一樣。老祖宗的做法裡還有許多值得我們學習的地方。

同樣的思考方式也可以應用在室內空間的設計上，別忘了，家裡也可借景。例如在入口的門上方裝設玻璃楣窗，讓視線穿透到天花上。別讓一間房間顯得太過封閉，要讓它與旁邊的房間或走廊相連，這種手法在廁所等狹窄的空間裡更為有效。

另外我們也要仔細思考壁面的收納空間，如果讓地板到天花板全是櫥櫃，雖然感覺上很方便，可是實際施工後，你會發現它的壓迫感也令人備感壓迫。如果不拿掉一些量感，房間會顯得狹隘。這時候可以拿掉一部分視線高度的櫥櫃，讓牆壁重新生動起來，製造出空間的深邃度，醞釀出寬敞的視覺效應。無論如何，「平衡」最重要。

057 ‖ 避免製造死角

設計時，要避免製造出視覺與動線死角。這一點在檢討平面配置時絕不可忽略。

如果動線上出現死角，生活起居便感覺有所窒礙，例如走廊底端如果撞到牆壁，人便必須轉彎，白費力氣。就視覺上而言，死角也會讓步行者覺得不安，因為「看不到前方」必然令人心生恐懼。如果能在前方配置庭院或製造出明亮的空間，就能帶給人愉悅的感受。

就視覺效果來說，有各種手法可以破除死角。想消弭狹隘感，讓人覺得空間寬敞的話，可以隨時留意是否保持愉悅的「視覺空間」。這是我設計時隨時放在心上的事。我們可以在

下樓梯時看得見外頭庭院，成為上下樓梯時的樂趣，也提供了心情轉換的角落。

人的動線上隨時安排視覺娛樂，典型的做法有開窗、安排大小壁龕，如果沒辦法這麼做，也可以掛幅畫、打上燈，以燈光的手法破解死角，這些都是可行的方法。

當人覺得空間寬敞時自然覺得心情舒暢，這點應該是很容易了解的。

058＝以楣窗串連空間

傳統的日本設計手法中，有種透過楣窗將空間聯繫在一起的做法。這是以紙門將視線阻隔開來，製造出隱私性，同時也將門楣上方的楣窗做出各種鏤空，透過鏤空讓視線穿透，令人覺得空間開闊。

在串連空間時，有各種手法。而被串連起來的空間只要加上紙門，便又隔成了兩間房間。加上紙門時，只要在上下左右預留一點縫隙，縫隙便能將空間又串連在一起。採用鏤空，可以在視覺上完全貫通的同時又吸引人看著鏤空的造型，於是視線便這麼被引導到隔壁房間去。這是最常採用的手法。

另外，當兩間相連的房間打開來串成一間大房間時，楣窗帶來的連續性便顯得極

將空間連繫在一起的楣窗。

為重要。這種以門楣串連空間的手法，即便在現代生活裡也有許多機會可以應用。

當我們站在走廊上窺看孩子的房間時心想「不曉得睡了沒？或是還在念書？」時，透過玻璃楣窗大概可以探知一二。同樣的情況也適用於書房，甚至站在洗臉檯的更衣處、廁所外面時也能意識到「咦，怎麼進去那麼久？還在裡面嗎？沒事吧？」或是注意到是否有哪裡的電燈忘了關等等。

這種透過楣窗串連空間的手法，也能有效破除廁所等狹窄空間的封閉性，讓空間更顯開闊。

059 ‖ 可動式隔間：紙門、紙窗門

日本住宅的特徵之一，便在於隔間的種類林林總總、五花八門。

便利的可動式隔間在日常生活裡十分活躍，可以把兩間相連的房間或連結或隔開，也可以節省冷暖氣的無謂消耗。在這麼多可動式隔間裡，紙門（襖）可以遮擋視線，紙窗門（障子）則能創造出曖昧的遮掩效果，木板門的阻絕效果稍微強烈一點，如果再使用嵌入式密合門窗，隔間的阻斷效果就更強烈。這些不同隔間所造成的意義與氛圍皆不相同。

在連結室內與室外的關係上也有許多隔間形式。從前玻璃還不普遍時，外圍建具用的是木製遮雨窗「雨戶」與紙窗門，相當陰暗寒冷。等到玻璃普及之後，紙窗門的功能起了轉變，成為遮擋視線或是將直射光源轉換為柔和光線的介面之一。

當室內外之間還存在著一道寬廣的邊廊時，最外圍用玻璃門與外界隔絕，走廊與房間之間則使用紙窗門隔開。這麼做既能採光又可製造隱密性。在這種情況下，紙窗門是最合適的選項。

紙窗門最棒的優點在於能讓直射光擴散到室內各處，製造出柔和的光線效果，也能讓靠近天花板的部分顯得明亮。再加上和紙的輔助，更讓空間中充滿輕柔的光線，製造出放鬆愜意的空間。

除此之外，紙窗門更可以視需求變化出各種設計，例如雪見障子（譯註：雙層式紙窗門，下部有可動式紙窗，往上推後便露出下半部玻璃部分，方便賞雪）等。這些在在培育出日本人對空間的纖細感性。

060 ＝消弭垂直、彰顯水平

人的視線往水平移動比上下移動來得輕鬆，平時眼球的移動方向也以水平居多，只要靜心一想，就會發現這個現象。

視線在水平移動時，最討厭的就是垂直線了，因為「干擾眼球」。室內空間中充滿最多垂直元素的是門框和窗框，只要想辦法處理一下這些垂直線條，就能讓人覺得室內清爽乾淨。請看一下窗框細部圖，便能了解處理手法。

光是窗框，也能帶來截然不同的室內感受

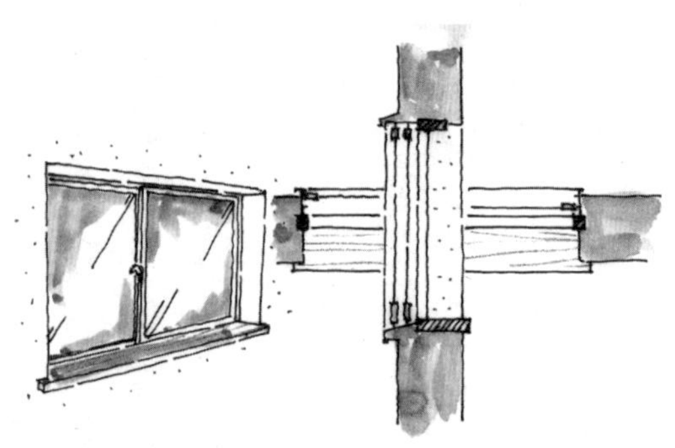

將壁體塗厚、消弭窗框的細部處理。

呢，是不是很奇妙？

其實這種手法就是把一般我們看到突出於壁面的窗框，想辦法收進壁面的內側。這麼一來，便能消弭直線的存在感，把直線包覆在壁體內，而不會覺得直線很討厭了。在這種細部中就藏著設計的巧思。

061 ‖ 延伸與相互融合的收尾

一道連續的牆壁在碰到門、紙門或紙窗門時，會產生好幾個必須收尾的地方，很多人希望在不同的牆壁、天花板收尾處採取不同做法，覺得比較有趣，我能了解這種想法，不過這樣真的好嗎？

要讓有限的空間變得寬敞舒適，就必須讓房間看起來比實際遼闊。

因此我們必須善用走廊與房間接頭的部分，或想辦法把室內往室外延伸。先前提到的楣窗就具有這種效果。

著名的美國建築師萊特（Frank Lloyd Wright, 1867-1959）很擅長將室內外融為一體。他讓建築物誇張地出挑高於溪流之上（落水山莊），讓地板、牆壁全產生了連貫的空間感，在室內與室外之間只以玻璃區隔。具有穿透性的玻璃便把室內外聯繫在一起，創造出寬敞的整體空間。

想製造出寬闊感，就不能把房間分開設計，必須將所有空間當成整體的一部分，全面性地考量。如此我們便能感受到所有零碎的空間都是屬於整體的一部分，具有整體空間感與氛圍。

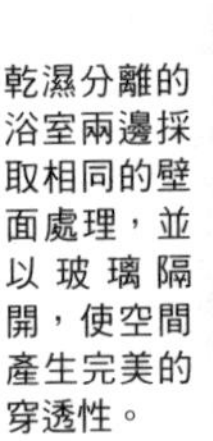

貼上杉木片的外牆延伸至室內，醞釀出內外一體的空間。

萊特設計的落水山莊。石疊牆壁讓內外空間化為一體。

乾濕分離的浴室兩邊採取相同的壁面處理，並以玻璃隔開，使空間產生完美的穿透性。

062 ‖ 延伸與相互融合的收尾

世上許多建築師都藉由斜屋頂與挑空創造出眾多精采無比的空間。在相同的樓地板面積下，開闊的挑高空間擁有豐富的戲劇性。藉由挑高，建築師萊特在其作品「東泰利雅森」（Taliesin East）中展現出令人難忘的空間。這棟萊特自宅的客廳，充滿令人屏息的戲劇氛圍。

在挑高處設計開口部讓視線穿透，自然蘊生出開放感。

低矮的水平天花延伸到戶外，室內的斜屋頂通往二樓天花板。斜屋頂分成兩段，萊特在中間高差處設計了高窗，讓視線隨著斜屋頂往上看的人能自然地看見室內與室外。自然光從各種角度與方向射進室內，再搭配上裝設在家具與低矮天花上的人照光源，更加深了整個空間的深度與戲劇性。這就是萊特心目中理想的創新空間，也是富含層次、令人動容的空間。

只要讓天花挑高，就能創造出美好空間——這並非絕對。有時候挑高的空間反而會變成令人鬱悶、心神不安的場所。

設計時的重點在於徹底推敲人的心理、想法會如何轉變。同時也要熟知光線在一天中的變化。

以下就是我認為在創造舒適且具有深度的挑高空間時，不可少的幾項重點：

- 避免視覺死角。
- 以挑高或斜屋頂讓人感受到空間高度，同時在較低的天花與人的視線高度處設計出沉謐的氛圍。
- 斜屋頂的最低處必須低於兩千四百釐米。設置低矮的水平天花時，必須低於兩千兩百五十釐米，可以的話以兩千一百釐米最為適切。
- 高、低天花的材料不同。高處天花採用木料時，低矮天花則採用塗裝。高天花若採用塗裝，低天花則使用木料。

- 絕對要在挑高的最高處設計開口，將人的視線引導至室外，若執行上有困難，則以人工照明補強。
- 記住，斜屋頂「不可太高、不可太斜」。

只要遵守以上要訣，應該能創造出美好的空間。不過還有一點很重要的是溫熱環境。如果待在室內時覺得體感不適，再好的設計都只是「捨本逐末」。

063＝創造出明暗（濃淡）與深度

有句話說「一目了然」，一眼就能完全看清與掌握雖然是件好事，不過沒有縱深、失去深度的空間卻會淪為淺薄。

想讓空間看來寬敞，反而要特意製造出一些無從捉摸與掌握的部分，使人覺得似乎有些什麼東西在裡頭。

至於有什麼方式可以達到這些效果，讓我們先從燈光討論起。

■讓盡頭明亮、過程幽暗

這是距離感的問題。到達盡頭的過程幽幽暗暗，盡頭卻清晰明亮。這種狀況會讓人搞不清楚前方的路途究竟有多遠，亦即能製造出比實際距離更遙遠的距離感來。庭園就是個好例子，如果前方與自己之間有池塘或小河、小溪之類的造景，我們便會覺得距離比實際上更遠。

■妥善配置開口，製造深度

牆壁的開口（開窗）距離如果配置得太近，反而會失去明暗深淺，因此應該適當安排距離，讓明與暗產生對比，空間自然產生深度。

■以燈光製造明暗

採用點狀光源而非線狀燈具，如此一來光源與光源間必然會產生陰暗的部分。只要刻意利

空間裡有明有暗便能產生深度，形成有內涵的空間。

用這種效果，就能製造出深邃的空間。

這種效果除了應用於水平方向外，也可實踐在垂直面向，製造出地板與天花板之間的距離感。也就是所謂的檐板照明或天花間接照明等製造明暗的照明手法。

在此，我們可以借用女性的化妝技巧。我自己其實也不是那麼懂，不過我知道女性化妝有個重點，就是眼妝。要畫出陰影、讓眼睛顯得深邃，看起來人就漂亮。腮紅也不能只是紅咚咚的，最近好像也流行深一點的顏色。其實這些技巧的共通處就在於醞釀出深度。

064 ‖ 器具與家具的隱藏配置

上一節提到燈具時，我想起了一件事，那就是把器具大剌剌地擺在某個地方還不如收起來比較不顯眼。例如冷氣。這些突出於壁面的物體非常礙眼，因此我們很自然地會想做個凹槽把它們藏起來。雖然要花多一點錢，但如果在乎細節也只好花了。

至於餐具櫃這類大型家具更是礙眼，如果能收納到壁體裡，量感一下子消失，整個空間看起來就很清爽。如果是衣櫥之類深達七十五公分的家具，對空間的影響更大。

打開時很方便。

闔上時，空間清爽乾淨。

依照這種想法來思考，我們應該能彙整出下面的結論：

■第一步：盡量收納

我想這件事最大的影響要素在於預算。多花一點錢，能做的事當然也比較多。因此一定要準確判斷，達成最大效用。無論如何就是藏不起來、一定得擺出來的話，也要選擇最不容易讓視線感受到量感的位置。重點在於擺放時多費點心思。我想大家都知道，一進門就看得到的位置絕不是最佳的擺放場所。

■讓器具與旁邊牆壁同質化

就像變色龍一樣，讓器具的完成面與周圍顏色、花紋達成協調性，也就是製造出所謂的保護色。這是很常見的做法，像是把門扇材質弄得跟牆壁一樣。不過人的眼睛並不是那麼好欺騙，掩飾得太粗糙的話反而更顯眼。因此如果要騙，就得騙得高超一點囉。

■清楚區分想讓人看的與不想讓人看的東西

把所有東西全都藏起來的話會很奇怪，事實上也根本辦不到。因此重點是輕重緩急。把想讓別人看到的、自己引以為傲的部分清清楚楚地彰顯出來，至於其他部分則徹底掩藏。平衡性很重要，我相信善於收納的人，一定也很懂得偷閒的技巧唷。

065＝壁面的連續性與消逝帶來的暗喻

「暗示」「隱喻」……這些都因為我們是人，才有辦法達到。

比方說，這裡有一道茶紅色的牆壁，延伸線上也有一道茶紅色的牆。於是人們便意識到它們之間的連續性與關連性，就算它們在途中被切開來也一樣。人們會開始想像中間消逝的部分究竟發生了什麼事？因此比起一路延伸到底的牆壁，兩面分開的牆反而在人們心底發酵出更多想像，讓空間變得更豐富、更有戲劇性。

不連續的事物比連續的更有層次——這實在很有意思。

讓我們再考慮另一種有趣的情況。如果另一道牆撞上這道連續的牆壁，把一部分的壁體給遮蔽住了，這個空間就會更加多采多姿。

那裡存在著看不見的事物——反而會挑起人的好奇心，讓人忍不住馳騁想像，而空間也因此更飽滿、更有深度。

簡潔明快有簡潔明快的好處，但也不見得只能這樣。

去享受「看不見的事物」所帶來的樂趣吧！去引發別人「讓我看一下嘛！」的好奇心吧！這就是「若隱若現」的挑逗。

為什麼看不見的部分反而會讓我們覺得開闊呢？因為「看不見」等於無限，是個沒有尺度的世界。有趣的是，只要善用這點「眉角」，不管多小的空間都能醞釀出豐厚的意境。

066‖與建材諧和

從前有些廚具設備因為沒辦法完全融入系統廚具的規格，只好在設備外加裝一扇與櫥櫃相同的門扇。如今設備製造日新月異，許多都改成量產，於是某些出貨量較少的廚具設備，便跟不上其他設備的腳步了。

最後只好從日本市場上消失。

其實當我們碰到廚具設備無法與整體廚房搭配時，可以盡量選用黑、白、灰等無色彩塗裝或不鏽鋼材質，便不會覺得突兀。其中道理就跟我們打理居家環境時，會選擇能與整體產生諧和的顏色和材料一樣。

櫥櫃門也分成想讓人看見與不願意讓人看見的兩種。覺得讓別人看見也沒關係的，就不需要採用與牆壁相同的材質，也不需要執著於木製、金屬製或表面塗裝。可是一些我們平時很少用到的儲物處或樓梯底下的三角形儲藏空間、和室裡懶得一天到晚整理的收放東西處，就有必要與牆壁的質感搭配。這樣整體空間看來才會清爽。

067＝拉門或推門？

拉門是日本文化的獨特產物。

我們在生活裡，常會發現「門」很麻煩。使用拉門當然很方便，但如果是推門，就常覺得礙手礙腳的。

白天時有些隔間門最好打開來通風，像是走廊和客廳、客廳跟洗臉檯、洗臉檯與浴室之間的門，有些住宅還會加上兒童房與走廊間的門。這時我想很多人一定覺得拉門比較方便。

拉門可以分成兩種做法，一種是嵌入牆壁裡的嵌入式拉門，另一種則只是單純沿著牆壁拉開。兩者的差別在於拉門覆蓋的壁體面積是否可以使用。

要採取哪種方式，取決於預算和空間是否充足。當然，往壁體內挖出凹洞的做法比較昂貴。

最近有些情況下，因為考量到無障礙空間的便利性，拉門反而比較受歡迎。不過在這裡我想先說清楚拉門的缺失。

首先是隔音效果不佳。把門拉開這件事意味著門並未固定在牆壁、邊材或氣密條上，沒有可移動的空隙，拉門就沒辦法移動。此外，由於建材多少會發生反翹現象，拉門兩旁必須預留縫隙對應，通常是兩邊各三釐米，也就是說，門旁保留了這麼多空間。相較之下，當推門打開時，雖然沒有接觸到門框，關起來時只要能剛好闔在門框上就可以了。如果有氣密條，稍微用力把門推進去即可。

兩種不同的開法，造成了各異的隔音效果。

究竟要選擇拉門或推門，端視使用場所與材質而定。

068｜不使用超過三種以上的材料

設計時要記得一件事，千萬不要使用太多的空間元素。

我們常在各種情況碰到各種要求，如果每一項都「親切地」回應，簡直沒完沒了，空間會變得愈來愈複雜，到最後根本不知道該怎麼收尾。

以浴室來說好了，有時候你會覺得浴室的空間這麼小，怎麼存在的建築元素這麼多？

先從簡單的地方說起，地板、牆壁使用磁器或半磁器的磁磚。接下來是天花，通常最常用的是含有聚氨脂發泡塑料的PVC壁板，也就是俗稱的「塑膠壁板」。如果設計者什麼意見也沒有，施工師傅就會快手快腳地在天花上貼上這種材料。雖然這種材料可以隔熱，也方便抹布清掃，可惜不夠耐看、沒什麼味道。有些會印上木質花紋，不過好建築可不容許這種廉價手法。

通常我會選擇矽酸鈣板，塗上防水材；不然就用木質天花板。

牆壁如果貼木條，那麼牆壁既然是條狀，天花板也以條狀搭配。下一步則是牆壁的腰帶以下與地板該怎麼處理了。牆壁都用了自然材質，這兩個地方總不能用人工材料吧？別用磁磚，改用止滑又價廉物美的天然石片比較合適。如此一來，乾乾淨淨地用兩種材料就解決了裝修面。

牆壁腰帶以下採用天然石片，其他壁面和天花板、甚至連浴缸都用羅漢柏。材料種類愈少，空間愈大氣舒適。

接著則是浴室旁的洗臉檯空間。不要把這裡裝修得跟浴室不一樣，只要延續浴室的做法，就能讓空間看起來寬敞。牆面可以繼續使用磁磚，地板則選擇磁磚或石材以醞釀出整體感。你覺得如何呢？依照這種訣竅選擇裝修材的話，就能創造出開闊的空間。

069 ‖ 天空：所有人都能使用的無限空間

除非住在郊外，否則住在市區裡時常沒辦法隨意開窗。這一點委實令人無奈，但也沒辦法。

不過不用灰心，你家的房子永遠通往頭頂上的天空。只要利用天窗，隨時都能毋須顧慮他人視線，恣意享受充滿開放感的空間。

請你先想像一下二樓的浴室，有時候搞不好還有機會打造出閣樓衛浴呢。位置愈高，愈不用擔心鄰居的視線。

浴室毋須擔心白天室溫升高的問題，天窗開大一點也沒關係，更不用擔心方位朝西，西曬反而還有助於室內乾燥呢。唯一要注意的是冬天可能會因為輻射冷卻而覺得冷。

同樣的思考方式也可以用來判斷主臥房，畢竟白天很少使用。

洗臉檯等我們時常希望能多保留壁面以供利用的空間，也很適合開天窗。

當然天窗並非只有優點。設置天窗時要注意到夏天的對應，尤其是開在客廳上頭時。加裝遮陽板是一項有效的手法，紙窗也有很棒的效果。

往天空開窗，就算獨居女性也不怕被人看見，享受充滿開放感的浴室。

070 ‖ 玄關愈大愈好用

為了玄關而存在的玄關，大小大約是兩疊到三疊榻榻米大＊。讓我們一口氣把它

＊一張榻榻米大小約為910×1820公釐

擴展到六疊左右，你看，空間的可能性一下子增多了。

擴大的玄關可以放置嬰兒車或助步器，有訪客時，在這裡簡單招呼一下也不失禮。如果空間更寬敞，一些不方便擺在室外的登山車或越野車也能擺在這裡。或者可以隔出一個自己喜歡的小空間來捏陶，甚至還能當做個人工作室使用。當然，如果自家菜園裡有什麼菜剛收成、還沾著泥土，也可暫時保存在這裡。或者也能在此養寵物。

現代住宅的玄關不知道什麼時候變得這麼小，這是因為大家現在都不在家裡工作了。以前農家的工作玄關就位於大門旁，商家也是一樣的情況。工作玄關連結著廚房，可以連通為一個大空間。

當大部分人都變成上班族後，家裡已經不需要工作空間，工作玄關於焉消失，縮小成一個只是擺放鞋子的狹隘空間。

可是現代住宅不能把每個空間都只劃分為單一目的使用，為什麼？因為這太「浪費」了。請大家好好重新正視玄關的活用方法吧。

12 內外融合的雋永住居經驗談

歐美的住家只隔著一扇門就區分出內外，日式房子在裡與外之間卻還存在著一段中間的曖昧空間。邊廊正屬於這種中介領域，就像是讓人與自然進入屋內前先經過一段緩衝一樣。例如有鄰居上門時，如果只是閒話家常，只要在邊廊上解決就行了。對屋主來說，邊廊既適切地保留了隱私，又同時提供了與鄰居談天說地的閒適場所。

071 讓庭院將內外空間融為一體

日本的氣候有冷有熱，兩種都經驗得到；換句話說，介於冷、熱之間最舒服的季節，我們也能經歷兩回。正因為體會過嚴寒與酷暑的不適，更讓我們感受到中間季節有多麼舒服。身在這樣的國家，真的很幸福。

更棒的是日本還受到雨神的眷顧，被豐茂的大自然包圍，空氣澄澈，水澤甘甜豐富。

這樣美好的國家，世上不多。而生於如此多姿之國的我們更藉由珍惜自然，將自然採納進生活中而孕育出豐裕的生活、形塑出纖細的感性。

將外部與內部、庭園與室內結為一體，再小的空間都能變得寬敞，因為將開闊的室外引進了室內，生活空間自然更舒適。

日本傳統的「土間」（譯註：玄關，地板不架高，直接露出地面或鋪磁磚、水泥）能將室外引進室內，「雨廊」將室內延伸至室外，「寬簷」在室內、外之間蘊藉了中介空間，「寬廊」守護著榻榻米房不受嚴峻的室外氣候變化影響，「坪庭」與

「中庭」在室內打造出外界，提供一個無垠的小宇宙，滋養了人的精神，同時也促進了採光與通風，有助於環境衛生。至於現今很少使用的「別屋」和「步廊」，也在生活裡醞造出一個讓我們能夠轉換心情的「空隙」。

龍安寺有片舉世聞名的白砂枯山水，在從前沒有人工照明的時代裡，那座砂庭兼具了照亮室內的功能，因為它像寬廊一樣能反射自然光，將光線傳遞到室內。

至於現代住宅裡又有哪些設備能將室外與室內連結在一起呢？

那當然是提到園藝時必會提及的「木造露台」「陽光屋」「溫室」「花房」等等了。

從前日本的空間很有開放性，但現今窗戶大多只有上半部透明，拉遠了人與庭院的距離。

把室內外空間揉合為一體，可說是日本建築一路發展過來的手法，這麼棒的技巧我們當然希望能積極納入生活空間中。以下有幾項手法，請各位酌加參考：

- 讓內外色彩與材質一致。
- 將建築體的牆壁與庭園圍牆一體化。
- 以玻璃連結室內外，而非用牆壁隔絕。
- 利用建具自由地開闔空間。
- 將石頭與池塘等室外元素應用至室內。

站在這樣的角度看建築，自然就會發現新的樂趣。如何？你是否也覺得設計就像是打造出一齣戲一樣呢？

072 ‖ 閒坐邊廊樂黃昏

傍晚坐在邊廊上吹著晚風，白天被毒辣的豔陽曬得發燙的身子頓覺清爽舒適。從邊廊上望見的月娘，不知道為什麼總是那麼動人。

現在有邊廊的房子愈來愈少了，從前在邊廊大啖西瓜，吃剩的籽兒就隨口一吐。冬天在邊廊曬著暖呼呼的太陽，一坐上邊廊，人在家中也感受得到四季的流轉、自然的風情。這是個蘊藏在裡頭的室外世界，充滿日本人恬然自適的生活智慧。

■冬暖夏涼的邊廊作用

事實上，邊廊分成兩部分：被擋雨窗或玻璃隔開、具有走廊功能的是「邊廊」，延伸到屋外、沒有門扇隔起的地方則是「雨廊」。一開始是為了方便踏上屋內而做出這種沒

寬廊不見得是日式家庭的專利，也能使用在西式住宅上。我試著在玻璃窗和遮雨窗之間設計寬敞的露台。

庭院是屋主先生的天下。家庭農場收成豐碩，簷廊則提供了喝茶休憩的愜意時刻。

有遮風擋雨功能的雨廊，之後雨廊擴大、加上遮雨窗後，切割出了邊廊。

夏季時，邊廊可以避免強烈的日曬直接照射和室；冬天則發揮了日光室般的效用，讓空氣在此預熱，也防止室內的溫暖空氣逸散到室外。再加上邊廊與房間之間的紙窗門可以開闔，更讓效果加倍。只要善用邊廊迎進或阻擋日光，不需要冷、暖氣，一樣可以住得冬暖夏涼。

■善用曖昧的邊際空間

歐美的住家只隔著一扇門就區分出內外，日式房子在裡與外之間卻還存在著一段中間的曖昧空間。邊廊正屬於這種中介領域，就像是讓人與自然進入屋內前先經過一段緩衝一樣。

例如有鄰居上門時，如果只是閒話家常，只要在邊廊上解決就行了。要是聊得久一點，就把茶端出來邊廊待客，但不會請鄰居進入家中。鄰居雖然沒進門，從邊廊上也大概可以察覺出一點裡頭的情況。對屋主來說，邊廊既適切地保留了隱私，又同時提供了與鄰居談天說地的閒適場所。

073 ‖ 古今皆借景

京都是我偏愛的城市，北邊有間圓通寺以借景比叡山聞名。想在自己家中庭園創造出一座比叡山，或製造出那樣的深邃與距離來是不可能的事，也沒辦法抓來那裡的月娘與星兒。但我們卻可以把這些景色給借回家，在自家庭園和室內醞釀出另一番景致。借景——真是妙不可言的高招吶。

那麼，我們有可能在自己家中運用借景手法嗎？

雖然我們的生活中少有什麼引人入勝的景觀，但在為數不多的環境條件裡，應該仍有一兩項能讓人覺得「嗯，可以借」的景物或景觀。

比方說隔壁家的牆壁。如果牆上沒開窗，我

對面雖然是小住宅區，但由於有小巷，視線得以延伸。

們就把它當成自家的圍籬，省掉再堆砌一道圍籬的工夫。把它當成投影銀幕享受影音樂趣。

另外還有一項大家都能使用的招數，就是朝著住宅與住宅的縫隙開窗，這也是一種生活裡的難得景色。也可以把鄰居家那棵美麗的樹借景回來，這也很常見。相鄰的兩戶人家只要能夠善用彼此景致、借力使力，就能創造出超乎基地條件的生活環境。

不管什麼地方應該都能「借景」，或許府上就有不少景物可以利用唷。

13 豐富空間層次經驗談

照明有兩種功用。一是照亮夜晚的黑暗，讓人得享與白天無異的生活。另一個則是創造出白天所沒有的空間層次。而這一點，難道不是人類特有的表現嗎？換句話說，照明是人類獨有的「文化」，我們從照明中發現各種故事，想像、並將想像付諸實現。

074 ‖ 內外場域的區分使用

日本人從以前就很擅長區分空間的裡外、陰陽，典型的例子是「茶之間」（譯註：類似客廳），裡頭蘊含了尋常老百姓的生活小智慧。

茶之間一般有六疊榻榻米大，榻榻米上擺張折疊式矮桌就成就了萬用桌，旁邊再擺個傳統的古典餐櫥。

白天時，不管用餐、寫字或做任何雜事都在這裡，夜幕一掩，就從衣櫥裡拿出被褥，又搖身一變成了寢室。茶之間裡除了餐櫥櫃外其他東西都很容易搬運，因此空間合理簡單，成就了沒有絲毫浪費又充滿情趣的生活形式。

那真是一幅令人懷念的光景。現代住宅面積稍微擴大了一點，房間也多了一些，可惜對如何在日常生活中善用公共與私密空間的技巧卻退步了。客人來訪時，明明只要稍微整理一下，空間就能增姿添色為待客場所，我們卻不知道該怎麼轉換空間性質。

有「床之間」（譯註：設置於和室靠牆處、略高於榻榻米的空間，從前的人在此睡覺，因而得名。如今則用來擺設掛軸、香爐、裝飾花卉。有床之間的房間是整個建築裡格局最高的空間）的家庭，只要在床之間擺飾鮮花、掛上掛軸，在玄關插上花卉，沿著大門到玄關入口的這一段小徑上灑點水，接著將平時不用的客用座墊拿出，如果家裡有客用矮桌的話也一併拿出來。還可以視情況裝飾一下蕾絲桌巾。茶當然也是用招待客人時才喝的高級綠茶，茶碗與茶托自然都是平時捨不得用的。準備完後，換上一身乾淨清爽的衣服，再買點平時捨不得吃的老鋪點心回來配茶。

大略就是這樣吧？這樣的心情，這樣的待客之道。這就是日本之心哪，我們絕不能忘了。在這樣的情意裡，正吐露著主人對來客的歡迎與期待。

075 ‖ 坪庭的作用

日本人習慣坐在榻榻米上，但移動時自然是站姿，生活裡也有椅子，因此也習慣坐在椅子上。於是自然而然地，生活中產生了三種視野，進而發展出層次豐富又精采的生活空間。

「坪庭」這種室內小庭園，正是善用視覺變化發展出來的傳統手法，讓有限空能發揮出最大的機能。這種手法帶領人從各種角度欣賞同一個造景，利用的正是我們站著與坐著時因視線差異產生的效果。

容我以這麼一個例子做比方：請想像你打開了一戶人家的大門，走向玄關。在通往玄關這一段小徑上，你從左手邊圍籬的縫隙窺見有座小坪庭，若隱若現。從窺見的片段裡，你開始想像庭園的整體景象。

再小的土地，都能變成舒暢的庭院。

這當然只是你行進間的事，你看不見全貌，只在腦海裡開始心動神馳。接著你左轉九十度，站在玄關前，打開玄關門後，透過地面附近的矮窗，你從不同的角度看見了剛才的坪庭。脫了鞋，你踏上高架地板，此時視覺層次轉變為站在地板上的視野，景致因此又稍有不同。接著沿著走廊走向連結的步廊，這時你看到迥異於一開始在入口小徑時所見的內側景觀，這還是從高約五、六十公分的地方所見的景象。接著主人請你入坐，此時你從另一個角度看見了只有坐在榻榻米上才領略得到的視野。

這又是全新的方向，體驗到的是與稍早不同的經驗。當然坐在榻榻米上不可能一眼望盡坪庭的全貌，而無論從矮窗、自高窗也都沒辦法看見全景。全景只存在於你的腦中，依靠著你的視覺經驗與想像捏塑出坪庭長什麼樣子。而這一切，當然不過是對訪客而言的坪庭罷了。

怎麼樣？是不是很精采呢？有機會不妨在哪裡應用這種手法。這裡頭存在著設計精髓吶！

076 ＝隨著照明變幻的空間

照明有兩種功用。

一是照亮夜晚的黑暗，讓人得享與白天無異的生活。

另一個則是創造出白天所沒有的空間層次。而這一點，難道不是人類特有的表現嗎？換句話說，照明是人類獨有的「文化」，我們從照明中發現各種故事，想像、並將想像付諸實現。

照明並不只是單單應付「需求」而已，它更是我們展現「創作」時不可或缺的手段。唯有將照明應用在這種層面上時，它才能將我們的生活美化為令人難忘的時刻。

接下來介紹我在運用照明上的幾項經驗：

●**回到照明的原點來舒展想像：**和情人約會時，開電燈不如點蠟燭、點蠟燭不如就著暖爐的爐火，戀情也會跟著爐火熊熊燃燒。事實上，使用電燈會流失許多照明的可能性，這個問題值得重新正視。

●**製造明暗：**對裝設燈具的人來講，讓空間裡的亮度均一似乎是常識，卻不見得適用於住宅裡。看看女孩子的妝你就懂了，要是整張臉塗得一樣白，那簡直跟鬼沒兩樣。女孩子總是拚命在臉上打陰影。空間也是一樣的道理，製造出陰影來，空間才會產生深度，獲得豐富的層次。因此空間裡亮度不一反而是好事。

●**避開正中央：**讓我們想想裝在走廊天花上的嵌燈，通常設計師沒特別執著的話，幾乎都會裝在正中央。可是對在走廊間行進的人來說會被光源刺激到眼睛，目眩不快；而由於逆光，腳底下也看不太清楚。如果避開正中央，稍微把光源錯移到旁邊去，牆壁便會有些地方暗、有些地方亮，這麼一來便製造出有變化且值得吟味的空間，也不會覺得燈光那麼刺眼了。

●**除了燈具，牆壁與天花也可以是照明元素：**認為照明就等於燈具，可是非常嚴重的錯誤。事實上，裝好燈具後，燈光會照射在牆壁與天花上，衍生出各種效果。因此牆壁與燈光其實也成為提供反射的介面，發揮出燈具般的照明功能。所以我們選擇燈具時，應該一併考量到整體配置。

● **人喜歡聚集在光源周圍：**有光源的地方，自然有人聚集。把手就著火焰，跟身邊的人天南地北話家常。劈哩啪啦的爐火照亮了臉頰，悠悠長長地聊著往事。家族圍繞著吊燈下方的餐桌團聚。當黑漆漆的房間裡只開著一盞燈，特別能讓我們靜心專注。在我們生活裡，光源周圍是特別值得注意的地方。

● **上下左右拓展，挖掘出空間的可能性：**同樣的空間，不同燈具形塑出來的空間質感也會不同。為了塑造

不同的燈光效果能讓空間展現截然不同的寬闊與氛圍。

出更有深度、更盎然有趣的空間，請搭配兩種燈具，擴展出四面八方的空間可能性。尤其是位置較低的燈具更須特別在乎。有時我們一不留神，家裡只剩頂燈與壁燈。其實現代生活裡有各式各樣的燈具可以選擇，像是立燈、牆角燈或隱藏在飾板後的間接光源都是，請多加嘗試與挑戰吧！

●**別把燈裝在手碰不到的地方：**這道理顯而易懂，但我們還是會看到有些人把燈裝在挑高的天花或樓梯間頂端。基本上，燈具不應該安裝在不容易維修的處所。既然光線可以到達任何一個角度，何妨裝在我們方便維修的壁面上，從牆壁往天花打光不就好了？尤其最近又有一種高效率的LED燈，更方便我們運用。此外，就建築美學的角度，天花板上最好也不要安裝燈具。

077 ‖ 舒暢的挑高、壓迫的挑高

挑高並不是只把天花板抬高就了事，這樣無法製造出令人舒適的效果。一定要有天窗與邊窗讓視線穿透，整個空間才會具有開放性。一樓與二樓的連結細部、空間的

交會貫穿、自然融入整體之中的樓梯，都會製造出舒適的空間。此外，天花板不能離地太遠，一樓與二樓之間也必須有稍低的水平面以製造出緊密的連結感。

有挑高時，可以把一樓的天花板做得低一點。日本建築基準法規定的天花板高度最低可以低到二點一公尺呢。低一點的話，反而可以顯現出更好的空間比例，傳統的茶室天花板不是也很低嗎？真正的重點在於窗戶的高度與位置。

採光的方式、視線穿透的方式、晝夜變化的面貌。以紙窗門的開闔提供挑高空間多元的空間變化。

如果我們把體育館那種極高的挑高尺度應用到住宅裡，整個空間都會被往上拉，反而因此削弱了横向開闊性，讓我們覺得自己受到兩旁牆壁的擠壓。天花做低一點，反而能強化水平面向的開闊性。空間是不是很不可思議呢？有些訣竅簡直就像是變魔術。

14 人類的習性經驗談

一旦無意識間感到不安，我們便覺得有壓力，身體也會受影響。這種心理層面的感受雖然隱晦，事實上卻是設計住宅時最重要的重點。人在知道我們意識前端的所在處存在著令人放心的環境時，便會油然生出一種欣喜期待的感受，覺得安心而放鬆。

078 ＝沿著牆壁若即若離，即能尋到出路

我在東京藝術大學的建築系就讀時，系上有位曾在建築師萊特的塔里耶辛事務所（Taliesin）學習過的建築師天野太郎。

他上課時總在悠悠緩緩的談話中穿插許多珠璣妙語，其中有句話我到現在仍印象深刻：「沿著牆壁若即若離，即能尋到出路。」

另有一位短期集中課程的老師建築師吉坂隆正，他教導我們關於人類對距離感與空間感的意識、對空無的不安以及冀求依賴的心理等基本道理。

這兩位建築師教我們的道理，以及「沿著牆壁若即若離，即能尋到出路」這句有關人類心理的話語，在我往後的設計生涯裡，時常有機會低吟領略。

你是否也曾經挨著牆壁往前而去？沿著牆壁走總是讓人有種安心感，很明顯地是因為其中存在著「意識的道路」。

當我們依存著這種無意識的安心感，心情便覺得放鬆自在。反過來，一旦無意識間感到不安，我們便覺得有壓力，身體也會受影響。

這種心理層面的感受雖然隱晦，事實上卻是設計住宅時最重要的重點。

人在知道我們意識前端的所在處存在著令人放心的環境時，便會油然生出一種欣喜期待的感受，覺得安心而放鬆。

或許所謂的設計，就是當我們在畫住宅平面圖時，也能將這種意識前端的道路反映在圖中。為了讓這種意識的道路更有效地呈現，必須好好表現下面幾項環境要素：

- 製造明暗，朝向明亮的一方。
- 在前方採用安心材質。
- 避免死路。
- 避免閉塞的空間。
- 令人心生期待。

沿著牆壁若即若離，即能尋到出路。

079 ‖ 沉重的牆壁、輕盈的牆壁

我曾經為了參觀羅馬式建築到西班牙鄉下旅行，那些樸實無華的石造民宅和教會令人動容。尤其是教會，以石材堆疊而成的一體空間表裡如一，完全沒有添加任何裝飾。結構體本身就成就了內部空間，像這樣的空間不會說謊，直接讓人感受到堅石堆疊而出的勁厚。如果有點閒錢，反而會胡加修飾，展現表面的華美，卻失了本質強厚的真實空間。

因此比起後來興起的巴洛克或洛可可式建築，我反而比較偏愛羅馬風格。石頭堆疊起來的牆壁非常厚重，沒辦法做得輕薄，一定是非常厚實的壁體。光靠人類的力氣絕對推不動。

由渾厚的牆壁包圍起來的空間，與日本以木件與紙張架構而成的紙門般輕盈的壁體圍塑出來的空間，在人類與建築的關係上形成強烈對比。

但兩者之間並沒有孰優孰劣的問題，完全只是因應環境情況而生，甚至可以說，這是取決於不同民族感性而成的存在。

重點在於我們必須能切實領略其間的差異。

現在我們有很多可以選擇的材料，不管是未經修飾的水泥壁、木造板壁、土壁或貼上和紙的牆壁等，我們都能享受這些材料所帶來的不同樂趣，運用它們表現出不同的空間質感。

080 ‖ 沉厚的門輕輕開

很多人碰到厚實的大門時，管它是拉門或推門，不自覺就深吸一口氣，「嘿咻！」一聲奮力打開門，但這種開門方式是錯的。

愈沉實的門，一開始時愈要輕輕開。

建材在靜止與移動時的差別，在於其中存在的靜摩擦與動摩擦，這起因於物體的慣性作用。

當存在靜摩擦力時，突然施加很大的力氣，靜摩擦的慣性會出現，讓我們感受到很大的衝擊。但如果緩緩地、慢慢地施加力氣移動它，便會從靜摩擦狀態改為動摩擦狀態，於是我們只要花一點力氣就能移動了。

有些鑲嵌玻璃的大型拉門，突然用力一拉時，很容易損壞建材，因此最好不要這麼做，也最好養成輕輕開門的習慣。

不曉得你是不是也有過這樣的經驗，一鼓作氣把一扇好像很重的門打開後，門卻撞到另一側的牆，「碰」地好大一聲，這種經驗還真是丟臉呢。

15 如何確保隱私經驗談

直條格窗與橫條格窗可不是單單設計上的不同。當我們待在屋裡時，透過直格子可以清楚地看見外頭行經的人，走在路上時卻看不清楚屋內的情況。不但在室外比室內相對明亮的白天時如此，夜晚時，正在走動的人也會因為直格子的視覺干擾而看不清楚室內。

081 ‖ 町家的直格窗

日本各地如今不乏仍保留著江戶時代的街景，其中尤以町家的格子窗獨樹一格。這些格子窗幾乎都是縱向的長條格。

我有位建築師朋友在滋賀縣彥根市開事務所，我到他的町家拜訪過。停留在那兒的幾小時內，我注意到一件事。

當我們待在屋裡時可以清楚地看見外頭行經的人，走在路上時卻看不清楚屋內的情況。不但在室外比室內相對明亮的白天時如此，夜晚時，正在走動的人也會因為直格子的視覺干擾而看不清楚室內。

發現這個現象的當下，我真

町家的直格窗是傳統生活的智慧。就算臨接馬路無庭院隔離，也不擔心被路人窺視。

的很驚訝，這種簡單的小細節真讓人佩服。

所以直條格與橫條格可不是單單設計上的不同。說到這裡，我想起某位屋主告訴我的以下事項：

■鐵絲玻璃的鐵絲方向

鐵絲玻璃裡有一種叫做直線鐵絲，花紋不是網花狀，而是呈單方向直線分布。像這種時候，到底應該選擇直的還是橫的呢？由於人眼大多時候習慣水平移動，很少上下移動，因此縱向鐵絲容易讓我們覺得礙眼，橫向鐵絲看起來則比較舒服。有這樣的情況。

■紗窗紗網應該選灰色或黑色？

這件事也讓我大吃一驚，我向來選擇灰色，所以知道答案時有點楞住。其實黑的看起來優雅很多。真教人驚訝，我也學了一課。

■讓窗緣消失

我已經把這當成設計的準則了。窗子有四個邊框，把上面與左右兩邊的隱藏起來。這麼做的話，可以消除礙眼的垂直線，讓窗戶看起來比較大。其實這就是把會阻礙我們視線水平移動的垂直線給藏起來而已。

082 ‖垂簾效果

與直格子不一樣，垂簾的網眼更細，因此站在亮處完全看不見暗處，也就是說，白天時從外面完全看不清楚裡面。可是晚上情況相反，這點必須小心。

垂簾除了可以遮擋視線，還能阻絕不必要的陽光。盛夏時把簾子掛在窗戶上感覺就涼快很多。室內當然會暗一些，但也增添了陰涼效果。垂簾在對付西曬上很有用。

■細長的橫條也具有垂簾效果

我們從傳統町屋學到直條格

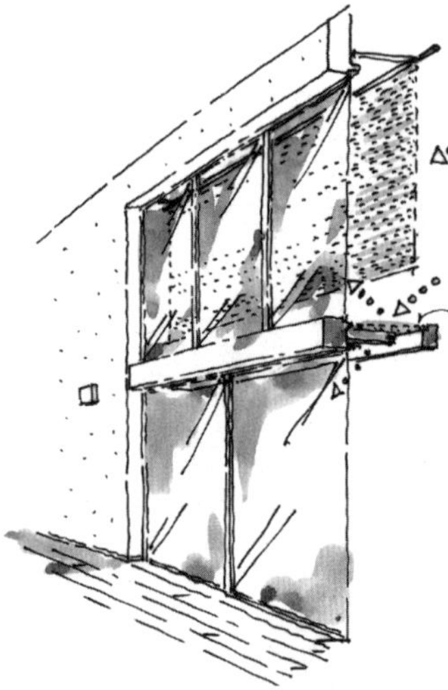

夏季垂簾是日本自古以來的季節風情，涼爽舒適。我們也以現代手法演繹出同樣效果。

的好處，接下來看看橫條格的優點。垂簾的確很方便，但橫條格也派得上用場唷。雖然沒辦法遮擋西曬那麼強的陽光，但如果是白天時從斜上方射下來的陽光，水平橫條格就足以發揮遮陽功效了。以設計現代數寄屋著名的建築師吉田五十八便曾經以不鏽鋼桿來表現這種水平橫格。

■以金屬沖孔板取代垂簾

時常用在陽台地板上的金屬沖孔板，也可以發揮垂簾般的功效。只要想一想就知道，針對由上斜射下來的陽光，金屬沖孔板也能像垂簾那樣發揮遮陽效果。把水平建材拿來取代立面建材，這真是很有趣的創意呢。

083＝隔音與遮音

蓋新房子時，大家都很關心隔間、裝修材、配色等等的問題，因為這都是我們看得見、一看就有感受的議題。可是當話題轉移到聲音，說實在的，每個人似乎都聽不太懂呢。

不懂歸不懂，實際入住後，聲音在我們的生活裡卻如影隨形，會衍生出很深刻的問題。

尤其現今很多人都住在公寓裡，噪音問題也因此被放大，眾人紛紛關注起「空氣音」與「固體音」這兩種噪音。

一如字面所見，空氣音指的是透過空氣為傳播介質的聲音，固體音則是透過建築物的結構體傳播的噪音。

鋼琴、唱片、廣播、電視等發出的聲音就是常見的空氣音。至於從樓上地板傳來的衝擊聲、沖水時的排水聲等則是主要的固體音。

空氣音與固體音。

製造噪音的當事者只要多加收斂，其他住戶也自行採取一些對應措施，就能或多或少減輕空氣音的影響；固體音卻無法靠個人努力而改善，因此這問題很嚴重。

當建築物採用鋼筋混凝土或鋼骨建造時，這些結構本身就很容易傳遞聲音，因此設計時必須針對隔音多加處理。特別是高層建築物，配置平面時通常以管線為中心將住戶單元配置在管線周圍，因此更容易造成影響。

當樓上住戶排水時，排水聲或周遭震動的聲音（例如洗衣機）便會沿著共用管線傳遞到樓下的住戶層，這類型的噪音本身就會藉由結構體共振。

因此我們必須多花點心思在管線與銜接處的材料以及吸音、遮音的方法上。就算是獨棟住戶也逃避不了這個問題，樓上廁所聲、走路時的腳步聲都是常見的困擾，必須改善這些噪音的傳遞問題。

目前市面上有各種可以改善木地板噪音的材質，隔音效果也分成許多等級，不妨多加比較選用。

16 居家保全經驗談

大概因為水泥圍牆方便維修又可以遮擋視線，因此成為很多人蓋圍牆時毫不猶豫的選項。這種情況只要觀察一下街頭，就能發現。

可是水泥圍牆真的好嗎？

084 ‖ 塑造安全住居與鄰里環境

現在外頭一天到晚都有以前的人想像不到的殺人、傷人事件，於是各種居家保全商品應運而生，建材商大肆行銷起鐵窗與特殊門鎖等等重裝備的開口建材。

可是啊，哎呀呀這真的有用嗎？

家裡入口一天到晚有人進進出出，小孩子會進出，宅配來了也得請他進來，這種情況下怎麼可能做得到密不透風、滴水不漏呢？

但不管也不行，到底應該如何守護居家安全？

說起來不過大約四十年前的光景，那時街坊時有互動，鄰里間生活情誼深厚，在這樣的環境中，大家守望相助、里仁為美。夏

以前的住宅與鄰居沒什麼隔閡，那種風景令人眷戀，也讓人想把這種相互關係採納入現代住宅中。

天時，就把板凳擺上街，享受徐徐晚風的涼意。

但市中心急速開發後，興建起高密度高層建築物，地價上漲，長年打造出來的老社區一下子破壞殆盡。郊外則有大規模的土地開發案，一大群原本不認識的陌生人湧入毫無關係的社區，這種做法根本不可能建立起社區共同體的意識。左右鄰居全然不知道對方長什麼樣子，已經成了稀鬆平常的現象。

這種社區就算有什麼不熟識的面孔進來，沒有人會特別多看一眼，這當然助長了犯罪事件的發生，而環境也稱不上安全了。

住宅區內的街道與車庫融為一體，不管從任何一戶人家的客廳都看得見外面，讓外地人難以接近。

三戶一區的住宅模型。利用基地特性，將狹長難用的基地轉化為舒適的社區。

兩戶一區的住宅模型。雖然日照條件不良，但將車庫頂樓設計為人工地盤，便開發出日照充足的土地。

所謂安全的環境，是人與人之間有所交流、守望相助，讓心懷不軌的人難以打進這樣的環境裡，不是嗎？

最近我做的一個案子是把幾戶人家設計為同一社群，分別是兩戶、三戶和四戶的集合住宅。我想就算只提供一個小小的廣場，只要讓住戶一起管理，就能幫助他們建立起社群關係。

圍牆也一樣。好的社群根本不需要高牆，沒有圍牆的話，視野開闊、通風良好，大家都能獲得更舒暢的生活空間。一個社區究竟是安全或危險，會在許多細節上影響到建築的思考方式，其實「家」與「社群」絕對是無法切割的共同體。

085 ‖ 往內開或往外開？

現代日本住家的玄關門幾乎都往外開。從前的人用的是拉門，不太習慣玄關門或是西式鎖這種東西。但大家似乎都沒發現，把門往外開的話，上鎖就沒什麼意義了。

玄關門之所以往外開，是因為往內開會讓狹窄的室內更顯窒礙，可是讓我們細細看一下這個問題。

■門鎖、門鉸袒露在外的外開門

只要動一下腦筋就知道，門的門鎖與門鉸一定是裝置在開啟的這一側，因此裝在外面的話，很容易就能用鐵鎚或厲害一點的工具拆解破壞。因此向來習慣使用西式鎖的西歐人，便把門檔裝在門外。以前歐洲城堡國家道路狹窄，面朝馬路的民宅沒辦法把門往外開，因此在種種環境因素之下便發展出內開門的文化。

■請人進門才是迎客之道

另一個我認為門應該往內開的原因是當客人站在門外時，如果我們把門往外開，便逆向了客人。

當我們請人上門時不是都說「請進」

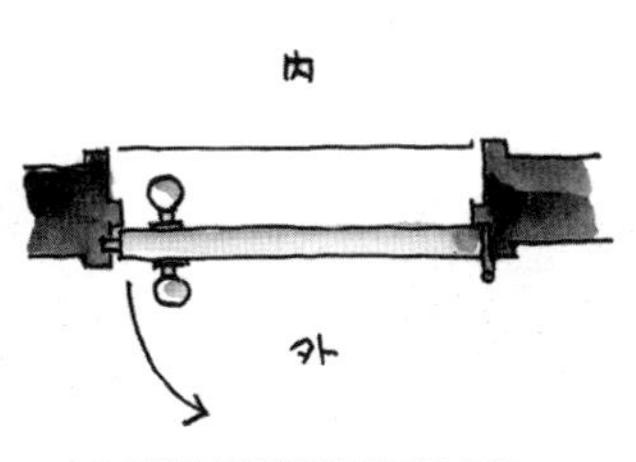

外推門的門鎖與門鉸都露在外面，很不安全

請人進屋時，內開門正好是迎客入內

內開門與外開門

嗎？因此本來就應該迎客入「內」，門往內開才不會對客人失禮。

所以我在設計時基本上都採用內開門，除非空間實在太狹，不得已才用外開門。

086 ＝用綠籬取代水泥圍牆

大概因為水泥圍牆方便維修又可以遮擋視線，因此成為很多人蓋圍牆時毫不猶豫的選項。這種情況只要觀察一下街頭，就能發現。

可是水泥圍牆真的好嗎？

■創造蘊藉有蓄的鄰里環境

我住在東京世田谷區一個叫梅丘的地方，市井巷弄裡有很多綠籬，從樹籬上看得見季節綻放，也觀察得到屋主的性格、態度與想法。當屋主年齡漸長時，樹籬也漸失光芒，因為再也沒有

樹籬隨著時光散發出樸拙風情。

那麼多力氣修剪維持了。一戶人家的興衰也是如此。

透過綠籬，我們感受到各種喜怒哀樂的故事。綠籬能讓風吹進庭院，也不容易蓄積熱量，因此對一個地區的氣候環境也有好處。

相對之下，水泥圍牆有什麼優點呢？看到水泥圍牆，我們一點也不覺得心境悠然，它讓人感受不到季節、阻礙通風、毫無人味……不好、不好、不好，一點都不好。

碰到大地震發生時，水泥圍牆與大谷石牆（譯註：大谷石產於栃木縣大谷町，自古便是日本常見的外牆石材）紛紛倒塌，但不管再嚴重的地震，樹籬也不會四崩八裂。

日本很多城鎮都提供了樹籬補助，請大家多多利用吧！

087 ＝遮雨窗的功過與對應犯罪的方法

我在日本各地做過很多案子，發現每個地區都有各有想法，天南地北完全不同。

在北海道，你根本看不到遮雨窗。聽說以前有，但現在幾乎絕跡了。也看不到鐵捲門，幾乎也沒有圍牆，根本就是門戶洞開的狀態。這大概是因為大家都覺得把自己圍起來根本就不安全吧？的確，視野愈開闊，對小偷來講愈不容易下手，也要耗費更多時間開鎖或破壞門窗。這一點是可以肯定的。

不過很可惜，連生活如此從容自在的北海道最近也因為大家都得出門上班，家裡沒人在，聽說小偷也變多了。

突然發生這種意想不到的事。事後我們便與保全公司簽約，加強保全。時代變了，沒辦法。

17 延續生命週期經驗談

選用耐看、能隨著時間散發底蘊光華的材質也很重要。如果只是因為一時漂亮而選擇虛而不實的材料，過不了五年，整個空間就顯得黯淡無趣了。

088 ＝用法決定耐不耐用

「材料用得愈扎實，就能用得愈久。」——這是一個很容易說出口的選項，不過耐不耐用其實要從兩個面向考量。

一是建築物的生命週期，另一個則是使用者的日常用法。

首先讓我們從生命週期的面向考量。

■建築物的生命週期

- 結構體的耐震性、耐久性
- 選擇木造、鋼骨結構（結構重或輕）或鋼筋混凝土結構
- 隔熱性、氣密性、透氣工法
- 地盤與基礎

■用法形成的生命週期

- 隔間的多樣與可變性

●材料與空間是否令人喜愛？

我時常被問到哪種結構最耐用，這個問題幾乎是一而再、再而三地出現。我永遠說：「各有利弊。」簡直有說跟沒說一樣。

其實木結構只要用心維護，用上一百年、兩百年也沒問題。但穩固的鋼筋混凝土如果做得不扎實，不到二十年也可能開始出問題，所以一切都取決於施工與維護。

另一個要考量則是耐震問題。日本位處地震帶，有許多活斷層，就算建築物不在活斷層上，也逃不了地震問題，因此耐震性顯得很重要。這裡頭牽涉到許多專業問題，必須好好研究。不過同時我們也必須考量成本效益，這方面在判斷著實教人頗費思量，最好還是仰賴設計者的專業建議。

現在的住宅都裝設了冷暖氣設備，因此室內外溫差愈來愈大，只要隔熱、氣密做得不好，便會產生結露問題，縮短建築物的壽命。這也是個重要的問題。

至於使用方法所影響的建築物壽命問題，則有諸如隔間是否能對應家庭結構的改變？是否有足夠彈性、提供多元使用？這些都牽涉到設計能力。

另外更重要的則是這個家是否能令人心生愛戀？一個家如果能讓住在裡頭的人感

到愉悅、歡喜，就算多少有點不便，也能安居、久居。西歐人覺得住在有點歷史來頭的房子裡是一種身分的表徵，我想日本應該慢慢也會朝著這個方向發展。

在材料上，選用耐看、能隨著時間散發底蘊光華的材質也很重要。如果只是因為一時漂亮而選擇虛而不實的材料，過不了五年，整個空間就顯得黯淡無趣了。所以一棟房子能否耐久使用，很意外的，關鍵反而在於我們使用者身上。我寫完這篇，也再次有所體悟認識。

089 ‖ 打造永續住居與鄰里環境

- 住宅的壽命很短，所以不用珍惜。
- 住宅的壽命很短，不用花太多錢。
- 住宅的壽命很短，無法形成街廓。

就在這種思維下，日本的都市在毫無計畫與秩序的發展中擴大，農村、漁村與山村則急速荒蕪。住宅生命週期短暫，使得一個地區遲遲無法形成社群。

這已經成為現代社會面臨的一大議題。目前犯罪問題急速增多，與這個問題有很大的關係。在社群緊密連結的地區，假使有什麼陌生面孔來訪，大家都會有所警戒，外地人行事也會小心謹慎。

可是現代都會叢林裡有誰知道哪個是外地人、哪個是本地人呢？事實上大家根本互不相識。

■各國住宅壽命比較

以既存總數除以年間新建戶數。這項指數旨在窺查整體趨勢，因此以五年為最小單位。

●住宅壽命

日本　二十五年～三十年

美國　一百零五年

法國　八十五年

英國　一百四十年

德國　八十年

從上述數字我們可以看出日本住宅的生命週期極短，在這樣的情況下，日本國民總生產指數再高又有什麼用呢？我們已可從數據中窺知日本經濟有多麼虛而不實了（資料取自國土交通省於平成十五年〔二〇〇三〕前後之調查數據）。

如何延續生命週期？

怎麼做才能延續日本住宅的生命週期？我們可以列舉以下幾種措施：

- 便於延續與維續性（耐看的設計、街廓的形塑）
- 實現物理面向的長期耐用性（木材腐朽、混凝土中性化、金屬腐蝕、耐震性）
- 便於管理維修（設備機器與管線的更新、建材尺寸之標準化）
- 可變性的實現（採用結構與施工分離的SI工法）
- 健全的不動產中古市場（定量化評價機構）
- 實現循環共生的環境

以上便是讓住宅永續維持的課題。

090 ‖ 下雨漏水最頭痛

我父母親的房子完工大約二十年左右時，二樓客廳北邊的灰泥牆突然出現裂縫，一得知這件事我馬上就趕過去。一看，我心想「完蛋了」，如果不是東北方位地盤下陷，不會出現這種裂縫。

總之那時候還不清楚原因，不過檢查過後發現基礎沒裂縫，因此不是地盤下陷造成的。我趕緊請木工過來看看。

一把包覆東北角柱的牆壁敲開來後，我們發現從一樓延續到二樓的主柱居然有三分之二的剖面都爛了。

該怎麼換掉這根主柱呢？我還在煩惱，木工已經輕輕鬆鬆解決了這個問題。真讓人大開眼界！「傳統工法」的技術深奧實在令人驚嘆。的確，幾百年的歷史中，可不光是只有建造，還包含了維修呢。

至於柱子的腐蝕原因似乎是從一蓋好時就存在了。屋頂附近的排水處理得很糟，於是雨水便一點一滴侵漏下來，腐爛了主柱。漏水真是個大麻煩，我們那間房子沒設計屋簷，於是雨水便沿著牆壁而下，就結構本身來說已經有問題了。那樣子的設計，大概是經驗不足吧。

091 ‖ 保持居家周圍通風、確保住居健康

有時候在自家周圍走一遭，不禁有點落寞，因為看到一些原本維持得很好的庭院開始荒蕪，房屋逐漸破落。

房子這種東西只要稍稍疏於維持管理，馬上就會開始損壞。如今日本步向高齡化社會，老人家無法走動之後，想必會有更多的房屋逐漸毀壞。

就算還沒有惡化到這地步，偶爾我們也會看見某些住宅的通風看起來就很差。通風情況一差，環境就容易潮溼，黴苔就開始滋長。這種東西只要長過一次，屋子就已經有了孕育濕氣的環境，情況只會愈來愈惡化，外牆表面與牆壁內部會開始繁殖菌類。

情況演變至此的大部分原因，都是因為放著草木不管，尤其在別墅區更常發生這

種現象。

我經手的案子，即使是住宅也會在住居四周設計一圈幾十公分寬的細長鋪面，讓房子遠離土壤的濕氣。此外，屋簷也會盡量做深，這麼一來只要夜晚沒結上露水，植物便不容易生長，也可以減緩雨水對牆壁的影響。這些都是再基本不過的細節，卻是忽略不得的關鍵。

092 到處都有白蟻？

再美、再好看的房子，只要一被白蟻侵襲就完了，真的不是開玩笑。

就像我們常聽說的，日本的白蟻有兩種。在本州常見的是在日本進化過的大和白蟻，這種白蟻也棲息在北海道南部。另一種主要棲息於四國和九州的則是台灣乳白蟻，從江戶時代便傳進了日本，是外來種。

大和白蟻的特徵在於活動範圍窄、速度慢。可是台灣乳白蟻的活動範圍廣、速度奇快，一定要多加小心。

對付白蟻除了用藥，也要整頓家裡的環境，讓白蟻不易繁殖。這也有助於維持住宅的生命週期。

以下有幾種做法：

■保持乾燥

- 是否會漏雨？
- 用水處有沒有漏水？
- 地板下是否通風良好？
- 衣櫥等空間會不會太潮溼？
- 有沒有結露的地方？
- 住宅基地裡有無任何地方過於陰濕？

■不提供白蟻誘餌

- 有沒有直接接觸地面的木籬或倉庫？

大和白蟻
大和白蟻、台灣乳白蟻

白蟻分布圖。最近受到地球暖化的影響，白蟻活動範圍也往北移。

- 有沒有閒置於室外的家具或廢棄材料？
- 居家附近是否有森林或林地？
- 庭院裡有無擱置砍下來的樹塊？

18 耐震經驗談

從前在發展出「土台」這項工法前，曾有種「石場立」工法，將柱子架在基礎的石座上。如此一來，物體重量便會直接傳遞到地面上。一旦碰到強烈的地震，建築物會隨著地震浮動搖晃而不是直接與地表連結，因此地表震動不會破壞建築物。

093｜阪神淡路大地震的見聞

一九九五年一月十七日凌晨五點四十六分，一場搖天撼地的大地怒吼忽然間襲擊了阪神地區。震級芮氏地震規模七點二，震源發生在淡路島北部，直逼規模七點九的關東大地震。這場地震同時也創下地震觀測史上襲擊大都市的直下型地震最高紀錄：震度七。造成六千四百零七人死亡，三人失蹤、四萬零九十二人受傷。房屋受害戶數四十四萬八千九百三十戶，全毀、全燒、半毀、半燒達二十四萬八千四百十二棟。

地震過後一段時間，我到了仍慘不忍睹的地震現場，雖然對受災者感到很抱歉，可是做為一名建築工作者，我無論如何都想看一看。

除非親眼見識，現場景況真是無從想像。地層錯動那宛如生命般的移動力量、活生生血淋淋地映照在參訪者眼中。

以下是我在災區現場觀察到的幾點特徵：

● 有些採用在來工法的建築物並未毀損。

- 妥善維修的老舊建築受毀情況較為輕微。
- 一樓橫向面寬未施作牆壁的兩層樓建築物，呈現連環倒塌。
- 無續筋的連續柱上因承受了斜撐的集中荷重，而發生折斷或從地基連根拔起的情況。
- 受損的鋼筋建築物極多。柱子遭切斷（壓壞）。
- 一樓挑空的建築物不耐震。
- 高層集合住宅的高樓層由於搖晃幅度大，未固定的家具變成凶器。
- 高層建築物亦發生柱子壓壞等情況。
- 位於中層建築物的中間樓層，受毀情況嚴重。
- 填海造地的地區發生液化現象，地盤傾斜。

阪神淡路大地震讓人見識到許多抗震性的問題。

觀察過後，我帶著切身體會的深刻教訓回到東京，同時也感受到，一棟建築物的最終使命在於即便它在地震中出現龜裂、傾斜，仍舊不會倒塌，守護著委身於建築體之中的生命。

我也更加確信，日本傳承了幾百年、應用於住宅建築上的木造在來工法絕對值得信賴。

094 ＝平衡的住宅、失衡的住宅

我們當然要在耐震性上追求平衡，不過有時完美雋永的空間卻會與結構平衡產生衝突。一味滿足結構上的平衡而犧牲空間美感，絕對不是件好事，這種情況下該怎麼處理，正考驗了一位設計者是否能兼顧大局、面面俱到。我們當然可以把空間統統設計成左右對稱，但對我們而言如此珍貴的空間，不能只滿足耐震性就好，必須追求整體設計均衡。

以下各節我舉些例子請大家參考。

這種隔間方式讓斜向產生開放性，同時壁量也產生了平衡

邊角開放，讓內外空間融為一體，使空間更寬敞。不過需注意水平面（地板）是否維持足夠強度的剛性

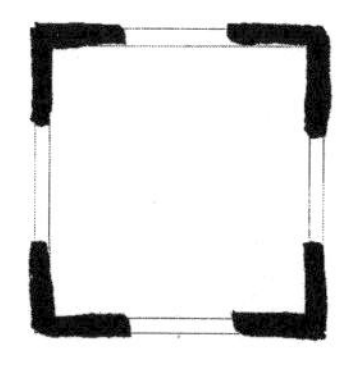

雖然壁量保持平衡，但柱子的地方荷重頗大，需要扎實的結構骨架來支承。具有開放性。此外，需注重此處的樓板剛性

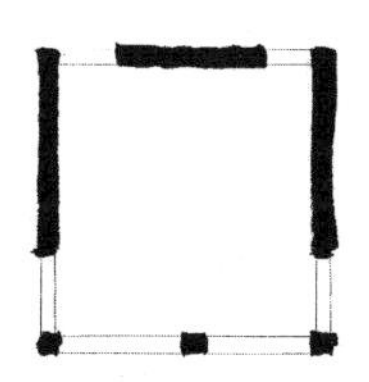

邊角呈L型包圍起內部空間，非常安全。就算挑高也不用太擔心結構強度

最近利用複合木材與接頭五金開發出了可行的木框架結構，創造出新的空間可能性

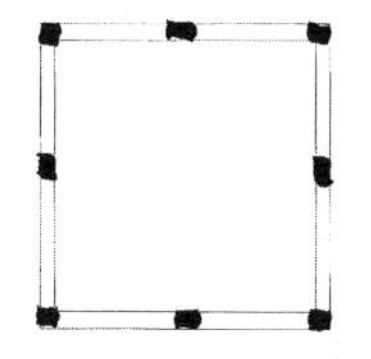

雖然能讓單一方向獲得絕佳穿透性，但另一方向卻沒有水平耐力壁的支撐，因此施加在柱子上的荷重頗大

壁體配置與抗震平衡。

095 ＝構築於石墩上的柱子（石場立）

進入建築設計這一行後，我在學習木料的過程中看過一件不可思議、令人無法接受的做法。那個案子把木頭橫擺，當成基礎上頭的土台，再將柱子立在木頭上，使其

承受整棟建築物的荷重。

以木料本身的特性來說，年輪方向雖然很密實，可是與年輪呈直角的「長邊」則比較脆弱，將荷重施加在長向上的做法，絕對不適合木料特性。

從前在發展出「土台」這項工法前，曾有種「石場立」工法，將柱子架在基礎的石座上。如此一來，物體重量便會直接傳遞到地面上。當時以稱為「地貫」的橫梁固定柱腳，作用等同於土台。

後來發展出先架設土台（譯註：於基礎上橫架木材，同時挖洞以承接立柱）的工法，這應當是考量到工地現場施工方便所演進的改良。

我們從另一觀點看「石場立」的話，會發現它是一種「隔震工法」。因為它並未讓結構緊緊抓住地面，只是把荷重移轉到地面而已。

一旦碰到強烈的地震，建築物會隨著地震浮動搖晃而不是直接與地表連結，因此

「石場立」是種傳統工法，具有明顯的良好通風性，也比其他工法的強度扎實。

地表震動不會破壞建築物。

當然建築物或多或少可能產生錯移，但不至於被強力破壞，所以才說它是隔震結構。我在阪神大地震時看到的大多數情況，都是因為建築物直接且全面地承受地面震動，而發生憾事。

096＝隔震工法、減震工法

我認為針對地震進行建築物強度強化，一定會面臨無法突破的限制。為什麼呢？因為每次只要一發生大地震，政府總會修改建築基準法裡的結構法和基準。例如一九七一年就要求基礎採用連續基腳，一九八一年頒布新抗震基準，重新提高壁量，二〇〇〇年又再度修改基礎結構與抗震五金的強化規定。其中，一九八一年修改建築基準法之前所興建的建築物，在抗震能力上應該可以說不夠完善。

在這種情況中，備受矚目的是「隔震工法」與「減震工法」這兩種不直接吸收地震能量的概念。

如今各種理論百花齊放，唯有經過時間考驗的技術才值得我們信賴與選擇。

抗震工法

建築基準法規範的抗震性能，可以分兩階段思考。

法規重點在於發生中型或大型地震（震度五強）時，結構體完好無缺；發生罕見巨大地震（震度六強到七）時，結構體依然不崩垮，能守護人類性命。

這種工法只考量到建築物，並未顧及家中雜物、家具等搖晃倒塌時該怎麼防範，因此必須另外思考對策。此外可以確定的是，採用這種工法的話，地震後的修補所費不貲。

減震工法

將具有黏彈性的地震阻尼單元加入建築結構體中，以吸收地震能量，減緩建築物搖晃的工法。

這種工法能防止室內家具雜物掉落倒塌，算是對人比較友善的工法。目前已經開發出各種阻尼使用方式，可以安裝到現有的單元材料上，也能在房子裝修改建時增加減震措施。

隔震工法

這種工法是在建築物底部加裝滾輪、滑動承軸或橡膠層墊，讓結構體與地面脫離，使其不受地震破壞。

雖然這種工法可以免除掉地震所帶來的巨大衝擊，但由於建築物本身會滑動，必須在四周保留一定空間，設備管線上也要預留彈性。由於工程費用昂貴，目前極少使用於一般住宅。

但目前已經慢慢應用於高層集合住宅與辦公大樓。

097‖抗震強度偽造事件的警示

有這麼個案例：剛買了一戶公寓，搬進新居後卻突然收到搬遷命令——抗震強度不足。

可是買房子的時候誰會想到房子居然有問題呢？而且還是結構體的問題。消費者根本沒想到要確認興建時的施工情況，只有在買進時檢查隔間、建材與裝修而已。雖然買電腦時會再三評比各家性能，可是對象物如果是建築物，大家就忘了要比較性能，而是單看使用得到的建材。就是這種疏忽的心態造就了此次弊案。而這次的事件，正是建商成屋體系的根本問題。

- 長久以來生活在地震大國裡的日本人，雖然害怕地震，但總覺得「最近應該不會發生吧？」抱持著不聞不問的心態，結果地震就在我們身邊。
- 開發商與建築師的承包關係以獲利為優先，毫不考慮使用者。
- 施工不良的問題、施工者的責任。
- 相關確認執行不實，責任歸屬過於曖昧模糊。
- 銀行承認擔保又逃避究責，究竟該負起什麼責任？
- 自我的責任與社會責任，該解決的問題堆積如山。
- 儘管中央與地方政府代為出頭，當事者仍應盡早解決問題。
- 建築師需要有倫理綱要與處罰制度。
- 這次事件讓世人再度體認到建築正是守護眾人性命、豐富大眾生活的存在。
- 技術者必須培養技術與判斷力，發揮所能、成為足以令人信賴的存在。面對違法情況時必須負起責任舉發、拒絕違法業務。

- 檢查機關的技術能力太過低弱。
- 這次事件從根柢撼搖了提供十年長期保證的住宅性能保證制度。

以上是我想到的幾項問題，其實問題點堆積如山，無論哪一項都是社會之憂，有必要站在保護消費者的立場上，盡速大刀闊斧、大肆改革。

19 從庭園、圍牆到街景經驗談

一個地區如果短時間不斷地有人搬進搬出、從未久留，就沒辦法形塑出美好的街廓。鄰里在街上相遇不再停步交談，小孩子無處奔跑嬉鬧，年輕的母親不再隨意街頭巷尾閒聊。種種往昔常見光景，都難以在這樣的地區出現。

098 ═ 打開圍牆，別把自己包起來

設計圍牆或樹籬時有項很重要的手法，是跟鄰居建立起關係。

比方說，如果鄰居家的綠籬很漂亮，那我們就把邊界弄得模糊一點。不要把自家的圍籬延伸到邊界上，留個兩公尺左右的空隙，用樹籬與隔壁的綠意連結。這麼一來，隔壁的綠籬看起來好像是自家的延伸一樣，其實就是兩家之間的邊界沒那麼明顯。

也就是說，這是一種借景手法。

另一個要注意的則是從大門到玄關這一段進程。

我們要製造出來的情境是讓訪客能自在從容地朝玄關走進來，因此就這個層面而言，與其把入口的圍牆直接延伸到入口小徑，引導人往玄關前進，不如讓一邊成為綠籬，給人的壓迫感比較小，行進時的心理氛圍也會比較輕鬆。重點永遠是站在人的心理與感性層面思考。

立面相連的手法。圍牆不要一直延續到基地邊角，只要納入隔壁的立面元素，就能創造出良好的連續性。

此外，別忘了兼顧從裡頭所見到的視野與從外頭所見的設計。圍牆或樹籬都擁有裡、外兩個面向，永遠要同時照顧到這兩個面向。採用樹籬時，從北往南眺望沒有照射到陽光的那一面才是正面，這點請多加留意。圍牆也一樣，從北往南看。另外還有一件事必須留意，圍牆或樹籬的正前方地面上應該有影子。兼顧這麼多要素，才能打造出一個颯爽舒適的庭院。

099‖前庭、中庭、後庭與間距

想打造出一座寬廣的庭院，秘密就在於不要讓人「一眼看透」。換句話說，留一些看不見的部分，反而能幫助你演繹出無限又具有可能性的空間。

當我們站在室內往外看時，可以在戶外陽台的邊緣旁種點高度約六十公分的植栽。如此一來，就看不見植栽後面的地面，這個「看不見」可以在我們想像中發酵出更寬敞的視野。

接著在前方樹立一道高約一百五十公分的樹籬，樹籬前配置高約四公尺的中等樹木。由於枝幹主要都在上方，並不會阻礙我們從室內往外望的視線。這樣我們便透過了不同高度的植栽構築出一個有層次的空間。

這種空間層次能夠創造出景深，讓看的人與住的人都感受到比實際更寬敞的空間。

陰影能反襯出空間的寬度——就是這麼一回事。

100 ＝久居才能孕育出美好街廓

一個地區如果短時間不斷地有人搬進搬出、從未久留，就沒辦法形塑出美好的街廓。原本住在都心舊市區裡的居民紛紛搬到郊外，為了獲利而建的套房式公寓則矗地而起。

我想這樣的地區很難持續管理與維護樹籬，鄰里在街上相遇不再停步交談，小孩子無處奔跑嬉鬧，年輕的母親不再隨意街頭巷尾閒聊。種種往昔常見光景，都難以在這樣的地區出現。

如果我們希望一個地區的人久居樂業，該怎麼做呢？當我們重新改建或拆除重建時，是否要停下來稍微想一下？只要想一下，一定會醞釀出不同的思考方式，誕生新答案。

也許我們可以從一開始就保留一部分空間讓原來的人居住，另一部分出租。或者設計成團體家屋的形式，讓老有所終。也可以設計成能獲利並且吸引人潮聚集的店鋪空間，或者把店鋪空間改成高齡者設施等等。

做法一定非常多元。要緊之處就在於如何讓人久居同時又能吸引人來創造事業。

設計上也比現今住宅更加優美。美感截然不同。

美國幅員遼闊，寬廣的住宅區住起來很舒適，但這不是步行的尺度，是需要有車子的世界。

後記

出版這本書，除了讓我再次對住宅設計有進一步的體認，同時也教我有了新的疑惑。

對我來說，出書是一個整理自己想法同時深入思考的機會。而將想法傳達給讀者，也讓我能踏出前往下一階段的第一步。

進入設計這行剛滿十年時，我出版了《成功造屋》（合著）。當時以為十年就已經讓我能獨當一面，可是在執筆的同時，才深刻體認到自己的觀念充滿破綻，因此那次的經驗對我而言是一份很棒的作業，讓我有機會確認一些自己原本並不確定的事項。

接著又過了十年，我出版了《男、女建築師的造屋絮語》。我覺得每一間住宅都有每一間住宅的故事，不僅如此，這本書是和一位女建築師合寫的，因此可以同時看見男、女性對住宅抱持的不同觀點與感性，在思考所謂的「家」是怎麼一回事時，大有裨益。

時光流轉，十年又過，來到此次的這本書。我把它當成自己進入設計這行三十年的紀念活動，可惜寫寫停停、磨磨蹭蹭拖到了現在。我打從心底感謝從企畫初始就耐心等待與支持我的編輯土松三名夫先生。

這十年來，住宅設計有了很大的改變，不管是病態住宅、抗震、高隔熱與高氣密、環保永續議題等等，我們必須面對的價值觀變得非常多元化。

從今爾後，再過十年，希望屆時能有機會再整理與寫下我在這十年內與許多人的相遇、諸多設計中所學習到的經驗與思考，此刻千思萬緒，謹容我在此擱筆……

丸谷博男

二〇〇七年二月吉日

建築師的100個居住智慧
——現代人幸福有感的家宅初心

作　　者　丸谷博男
譯　　者　蘇文淑
特約編輯　陳錦輝

總 編 輯　王秀婷
責任編輯　李　華
版　　權　向艷宇
行銷業務　黃明雪、陳志峰

發 行 人　凃玉雲
出　　版　積木文化
104台北市民生東路二段141號5樓
電話：(02) 2500-7696｜傳真：(02) 2500-1953
官方部落格：www.cubepress.com.tw
讀者服務信箱：service_cube@hmg.com.tw
發　　行　英屬蓋曼群島商家庭傳媒股份有限公司城邦分公司
台北市民生東路二段141號2樓
讀者服務專線：(02)25007718-9｜24小時傳真專線：(02)25001990-1
服務時間：週一至週五09:30-12:00、13:30-17:00
郵撥：19863813｜戶名：書虫股份有限公司
網站：城邦讀書花園｜網址：www.cite.com.tw
香港發行所　城邦（香港）出版集團有限公司
香港灣仔駱克道193號東超商業中心1樓
電話：+852-25086231｜傳真：+852-25789337
電子信箱：hkcite@biznetvigator.com
馬新發行所　城邦（馬新）出版集團 Cite（M） Sdn Bhd
41, Jalan Radin Anum, Bandar Baru Sri Petaling, 57000 Kuala Lumpur, Malaysia.
電話：(603) 90578822｜傳真：(603) 90576622
電子信箱：cite@cite.com.my

封面設計　兩個八月創意設計有限公司
內頁排版　優克居有限公司
製版印刷　中原造像股份有限公司

城邦讀書花園
www.cite.com.tw

圖書館出版品預行編目資料

築師的100個居住智慧：現代人幸福有感家宅初心 / 丸谷博男作；蘇文淑譯. -- 初 -- 臺北市：積木文化出版：家庭傳媒城邦公司發行, 民102.10
面；　公分

3N 978-986-5865-34-4(平裝)

房屋建築 2.室內設計 3.空間設計

1.5　　102019449

IEZUKURI 100 NO KOKOROE by Hiroo Maruya

Copyright © 2007 Hiroo Maruya
All Rights Reserved.

Original Japanese edition published in 2007 by SHOKOKUSHA Publishing Co., Ltd
Complex Chinese Character translation rights arranged with SHOKOKUSHA Publishing Co., Ltd. through Owls Agency Inc., Tokyo.

2013年（民102）10月8日　初版一刷
Printed in Taiwan.
售　價／NT$320
ISBN 978-986-5865-34-4

版權所有・翻印必究